Faserforschung und Textiltechnik

Begründet von
Erich Correns und Walter Frenzel

Herausgegeben von
Wolfgang Bobeth · Hermann Klare
Burkart Philipp · Christian Ruscher

Schriftleiter
J. Brämer und I. Ruscher

Akademie-Verlag
Berlin

Faserforsch. u. Textiltechnik / Z. Polymerforsch.
25. Jahrg. · Heft 7 · Seiten 277—324 · Berlin, im Juli 1974
FSTXA7 25 (7) 277—324 (1974)
Preis: 15,— M · Sonderpreis DDR: 9,— M

Faserforschung und Textiltechnik

Zeitschrift für Polymerforschung

Begründet von Erich Correns und Walter Frenzel

Herausgegeben von

Wolfgang Bobeth – Hermann Klare – Burkart Philipp
Christian Ruscher

unter Mitwirkung von

E. Correns (Berlin) – H. Böhringer (Rudolstadt)

R. Barthel (Dresden) – V. Gröbe (Teltow) – A. Heger (Dresden) – G. Reinisch (Teltow) – G. Wiedemann (Dresden) – F. Winkler (Teltow) – H. Zimmermann (Teltow)

K.-H. Banke (Karl-Marx-Stadt) – H. Behrens (Merseburg) – W. Berger (Dresden) – H. Frommelt (Berlin) – H.-H. Hörhold (Jena) – K. Pestel (Karl-Marx-Stadt) – W. Sattler (Rudolstadt) – J. Ulbricht (Merseburg)

Schriftleiter: J. Brämer und I. Ruscher

Band 25 • Juli 1974 • Heft 7

Die Zeitschrift „Faserforschung und Textiltechnik/Z. f. Polymerforschung" erscheint monatlich in Heften zu 48 Textseiten im Format A 4. Der Preis für das Einzelheft beträgt M 15,– (Sonderpreis für DDR M 9,–), für den Vierteljahrbezug M 45,– (Sonderpreis für DDR M 27,–), zuzügl. Bestellgeld. Die Berechnung erfolgt zu Beginn eines Vierteljahrs für 3 Hefte. Falls keine Bezugsmöglichkeit durch eine Buchhandlung vorhanden ist, wenden Sie sich bitte in der Deutschen Demokratischen Republik an ein Postamt oder den Verlag, in den sozialistischen Ländern an den jeweiligen Postzeitungsvertrieb, in der Bundesrepublik Deutschland an die Auslieferungsstelle Kunst und Wissen, Erich Bieber, 7 Stuttgart 1, Wilhelmstraße 4–6, in allen übrigen Ländern an den internationalen Buch- und Zeitschriftenhandel oder den Buchexport, Volkseigener Außenhandelsbetrieb der Deutschen Demokratischen Republik, DDR-701 Leipzig, Postschließfach 276, oder den Akademie-Verlag, DDR-108 Berlin, Leipziger Str. 3–4 (Fernruf: 220441; Telex-Nr. 0112020; Postscheckkonto 35021). Bestellnummer dieses Heftes: 1014/25/7. Alleinige Anzeigenannahme DEWAG-WERBUNG, DDR-1054 Berlin, Wilhelm-Pieck-Str. 49, und alle DEWAG-Betriebe in den Bezirksstädten der DDR.

Herausgeber und verantwortlich für den Inhalt: Prof. Dr.-Ing. habil. Wolfgang Bobeth, Institut für Technologie der Fasern der Akademie der Wissenschaften der DDR, 801 Dresden, Hohe Str. 6, Fernruf: 46580, Prof. Dr. Hermann Klare, Prof. Dr. habil. Burkart Philipp und Dr. habil. Christian Ruscher, Institut für Polymerenchemie der Akademie der Wissenschaften der DDR, 153 Teltow-Seehof, Fernruf: Teltow 4831. Schriftleiter: Joachim Brämer und Dipl.-Chem. Ingeborg Ruscher, 153 Teltow-Seehof, Kantstr. 55. Verlag: Akademie-Verlag, DDR-108 Berlin, Leipziger Str. 3–4. Satz und Druck: VEB Druckhaus „Maxim Gorki", 74 Altenburg. – Veröffentlicht unter der Lizenznummer 1280 des Presseamtes beim Vorsitzenden des Ministerrates der Deutschen Demokratischen Republik. – Printed in the German Democratic Republic.

DK 678.745.32 – 134.322:[66.095.26:678 13]:66.062.2/.8:541.12.038.2:541.127.1

Ulbricht, Joachim, und *Höring, Siegfried*

Zur Kinetik der Copolymerisation von Acrylnitril und Vinylidenchlorid in polaren Lösungsmitteln.
I. Einfluß des Lösungsmittels auf Copolymerisationsverhalten und Copolymerisationsgeschwindigkeit

Faserforsch. u. Textiltechnik/Z. Polymerforsch. **25** (1974) 7, S. 277—283. 11 Abb., 1 Tab., 20 Lit.

Die Copolymerisation von Acrylnitril mit Vinylidenchlorid in verschiedenen polaren Lösungsmitteln wird untersucht und der Einfluß des Lösungsmittels auf die Copolymerisationsparameter und die Copolymerisationsgeschwindigkeit festgestellt. Alle Polymerisationen zeigen, daß das Copolymerisationsverhalten des Systems von Art und Menge des Lösungsmittels abhängig ist. Die Ergebnisse werden auf der Basis von Heterogenitätseffekten und von Wechselwirkungen zwischen Lösungsmittel und Vinylidenchlorid diskutiert.

DK 677.463.021.124.3:678.743.22 – 492.2:541.182.02

Berndt, Wolfgang, Hynek, Alois, und *Blače, Zdenko*

Beitrag zur Problematik der Anschwemmfiltration von Viskose

Faserforsch. u. Textiltechnik/Z. Polymerforsch. **25** (1974) 7, S. 304—311, 7 Abb., 3 Tab., 6 Lit.

Es wird eine Versuchseinrichtung zur Anschwemmfiltration von Viskose beschrieben, die es ermöglicht, nebeneinander Filtrationen unter drei verschiedenen Versuchsbedingungen durchzuführen. Mit dieser Einrichtung wurde untersucht, wie sich das Mischen von groben und feinen PVC-Pulvern sowie die Teilchenform des Pulvers und die Filtrationsgeschwindigkeit auf die Standzeit des Filters und den Reinheitsgrad des Filtrats auswirken.

DK 678.675′126:536.421.1:532.78:543.226:539.213

Weigel, Peter, Hirte, Rolf, und *Ruscher, Christian*

Über die Feinstruktur der Polyamide
X. Einfluß der thermischen Vorgeschichte auf das Schmelzverhalten von Polycaproamid

Faserforsch. u. Textiltechnik/Z. Polymerforsch. **25** (1974) 7, S. 283—288. 7 Abb., 2 Lit.

Durch Variation der Kristallisationsbedingungen konnte eine Zuordnung der im Thermogramm von PA 6 zu beobachtenden Schmelzpeaks zur vorhandenen Struktur getroffen werden. Es wird eine Beschreibung der beim Schmelzen von PA 6 ablaufenden Vorgänge gegeben.

DK 677.494.675′126:677.019.36:677.017.84:677.021.123.62:677.044.12

Garvanska, R., Dimov, K., Georgiev, J., und *Pišev, D.*

Lichtstabilisierung von Polycaproamidtextilseide

Faserforsch. u. Textiltechnik/Z. Polymerforsch. **25** (1974) 7, S. 311—316. 6 Abb., 3 Tab., 6 Lit.

Die lichtstabilisierende Wirkung auf Polycaproamidtextilseide von unterschiedlichen Ein- und Mehrkomponentenkompositionen aus Mangan- und Kupfersalzen, Äthanolamin, primärem Natriumphosphat und Kaliumjodid wurde untersucht. Die Änderung der Festigkeit und Dehnung und der relativen Viskosität nach der Lichtbestrahlung zeigten, welche Kompositionen die beste lichtstabilisierende Wirkung aufweisen.

DK 678.674′524′420:547.126.p ≤ 10:543.544.25:541.64

Berger, Werner, und *Tuček, Eberhard*

Über die gaschromatographische Trennung von Oligoestern des Polyäthylenterephthalat-Typs

Faserforsch. u. Textiltechnik/Z. Polymerforsch. **25** (1974) 7, S. 289—293. 4 Abb., 1 Tab., 26 Lit.

Die Arbeit befaßt sich mit der temperaturprogrammierten gaschromatographischen Trennung von linearen und cyclischen Oligoestern des Polyäthylenterephthalat-Typs. Die linearen Oligoester konnten als schwachpolare Acetylderivate bzw. Methylester neben den cyclischen Oligoestern bis zu den trimeren Verbindungen an einer extrem kurzen Trennsäule getrennt werden.

DK 677.521:677.061.1:677.017.4:678.065:678.029.5

Barthel, Rolf, Gocke, Hans, Bunzei, Ursula, und *Wolf, Gerhard*

Glasseiden-Verbundfäden

Faserforsch. u. Textiltechnik/Z. Polymerforsch. **25** (1974) 7, S. 294—303. 19 Abb., 3 Tab., 8 Lit.

Ausgehend von einer allgemeinen Charakterisierung der Glasseiden-Verbundfäden, von denen insbesondere Flexibilität und dynamische Tüchtigkeit zu fordern ist, wird ihre Eigenschaftsgestaltung am Beispiel des Glascordes gezeigt. Ein Vergleich verschiedener Glascorde mit einem speziellen Viskosecord für den Reifengürtel läßt erkennen, daß mit Glascord mindestens gleich gute dynamische Eigenschaften erreichbar sind. Neben dem Cord als Elastomer-Glasseide-Verbund wird auch auf die Entwicklung von Glasseidenverbundfäden mit anders gearteten Polymer-Zwischenmatrices anstelle hochfester organischer Fäden verwiesen.

Faserforschung und Textiltechnik 25 (1974) Heft 7
Zeitschrift für Polymerforschung

Zur Kinetik der Copolymerisation von Acrylnitril und Vinylidenchlorid in polaren Lösungsmitteln.

I. Einfluß des Lösungsmittels auf Copolymerisationsverhalten und Copolymerisationsgeschwindigkeit

Joachim Ulbricht und Siegfried Höring

Technische Hochschule für Chemie „Carl Schorlemmer" Leuna—Merseburg, Sektion Hochpolymere

DK 678.745.32—134.332:[66.095.26:678—13]:66.062.2/.8:541.12.038.2:541.127.1

Die Copolymerisation von Acrylnitril mit Vinylidenchlorid in verschiedenen polaren Lösungsmitteln wird untersucht und der Einfluß des Lösungsmittels auf die Copolymerisationsparameter und die Copolymerisationsgeschwindigkeit festgestellt. Alle Polymerisationen zeigen, daß das Copolymerisationsverhalten des Systems von Art und Menge des Lösungsmittels abhängig ist. Die Ergebnisse werden auf der Basis von Heterogenitätseffekten und von Wechselwirkungen zwischen Lösungsmittel und Vinylidenchlorid diskutiert.

О кинетике процесса сополимеризации акрилонитрила с винилиденхлоридом в полярных растворителях. I. Влияние растворителя на процесс сополимеризации и ее скорость

Изучен процесс сополимеризации акрилонитрила и винилиденхлорида в различных полярных растворителях и установлено влияние растворителя на параметры процесса и его скорость. Все эксперименты свидетельствуют о зависимости хода процесса сополимеризации этой системы от характера и количества растворителя. Полученные результаты обсуждаются на основании эффектов неоднородности и взаимодействия между растворителем и винилиденхлоридом.

Kinetics of Copolymerization of Acrylonitrile with Vinylidenchloride in Polar Solvents. I. Solvent Effect on the Copolymerization Process and Rate of Copolymerization

The copolymerization of acrylonitrile with vinylidenchloride in various polar solvents has been investigated. The solvent effect on the copolymerization parameters and rate of copolymerization was determined. In all experiments the copolymerization process proved independent of kind and amount of the solvent. The results are discussed in terms of heterogenity and interaction between solvent and vinylidenchloride.

1. *Einleitung*

Während klassische Betrachtungen zur radikalischen Copolymerisation einen Einfluß des Lösungsmittels auf die Copolymerisationsparameter ausschließen [1, 2], konnten bei späteren Untersuchungen wiederholt solche Effekte beobachtet werden. So sind in den Copolymerisationen mit Acrylsäure oder Methacrylsäure als Comonomere die Parameter von der Art des Lösungsmittels abhängig, was sowohl auf Wasserstoffbrücken-Bindungen mit dem Lösungsmittel (Mischassoziate) als auch auf unterschiedlichen Dimerisierungsgrad der Säuren (Selbstassoziation) zurückgeführt wird [3, 4, 5, 6, 7, 8]. In kürzlich erschienenen Arbeiten zur radikalischen Copolymerisation mit Acrylamid oder Methacrylamid werden Lösungsmitteleffekte auf der Grundlage des lösungsmittelabhängigen Amid/Enol-Gleichgewichtes diskutiert [9, 10].

Laufen Copolymerisationen als Heterophasen-Polymerisationen ab, können die durch selektive Adsorption eines der beiden Monomeren am ausfallenden Copolymerisat bedingten Konzentrationsänderungen am Reaktionsort zu scheinbaren und gegenüber den Homogenpolymerisationen verschobenen Copolymerisationsparametern führen [11, 12]. Diese selektive Adsorption wird beeinflußt von den unterschiedlichen Grenzflächenspannungen der Comonomeren, die wiederum durch das Löseverhalten dieser Verbindungen im Lösungsmittel bedingt sind. Auf der Annahme einer selektiven Adsorption des Acrylnitril am ausfallenden Polymerisat beruhen die Interpretationen des Lösungsmitteleinflusses auf der Heterophasencopolymerisation von Vinylidenchlorid und Acrylnitril in verschiedenen homologen Alkoholen [13] und in Cyclohexan [14].

Setzt man voraus, daß keine der beschriebenen Möglichkeiten zur Reaktivitätsänderung (Dimerisierung usw.) für Vinylidenchlorid und Acrylnitril gegeben sind, sollte man bei der Copolymerisation im homogenen Medium eine Unabhängigkeit der Copolymerisationsparameter vom Lösungsmittel erwarten.

Deshalb wurden in vorliegender Arbeit als Lösungsmittel im Hinblick auf einen homogenen Verlauf der Copolymerisationen ausgewählt: Dimethylformamid, Dimethylsulfoxid, Hexamethylphosphorsäuretriamid, Aceton und Acetonitril. Allen Verbindungen ist gemeinsam, daß sie nicht gleichzeitig Lösungsmittel für Polyacrylnitril, Copolymerisat und Polyvinylidenchlorid sind. Während Dimethylformamid und Dimethylsulfoxid vorzügliche Lösungsmittel für Polyacrylnitril und das Copolymerisat — in weiten Zusammensetzungsgrenzen — darstellen und Hexamethylphosphorsäuretriamid für Polyvinylidenchlorid und Copolymerisat — in begrenztem Zusammensetzungsbereich — geeignet ist, sind Aceton und Acetonitril weder Lösungsmittel für Polyacrylnitril noch für Polyvinylidenchlorid, sondern nur in beschränktem Maße für das Copolymerisat.

2. *Versuchsdurchführung*

2.1. *Material*

Acrylnitril (AN): gereinigt durch Ausschütteln mit verdünnter Natronlauge, verdünnter Schwefelsäure und Wasser, Trocknen über Calciumchlorid sowie Calciumhydrid und wiederholte Destillation unter Argonatmosphäre an einer Füllkörperkolonne, Kp = 78,8 °C (760 Torr).

Vinylidenchlorid (VC): gereinigt durch Ausschütteln mit konzentrierter Phosphorsäure, Trocknen über Phosphorpentoxid und Destillation unter Argonatmosphäre an einer Füllkörperkolonne, Kp = 31,7 °C (760 Torr).

Dimethylformamid (DMF): gereinigt durch Azeotropdestillation mit einem Benzol/Wasser-Gemisch, Trocknen über Phosphorpentoxid und Calciumhydrid und Vakuumdestillation an einer Füllkörperkolonne Kp = 47 °C (15 Torr).

Dimethylsulfoxid (DMSO): gereinigt durch Azeotropdestillation mit Chloroform, Trocknen mit Calciumhydrid und Vakuumdestillation an einer Füllkörperkolonne, Kp = = 79,8 °C (16 Torr).

Hexamethylphosphorsäuretriamid (HMPT): hergestellt aus Dimethylamin und Phophoroxychlorid in Diäthyläther [15], gereinigt durch Trocknen mit Calciumhydrid und Vakuumdestillation unter Argonatmosphäre über Lithiumhydrid und Magnesiumspänen, Kp = 115 °C (15 Torr).

Aceton: gereinigt durch Trocknen mit Phosphorpentoxid und Destillation an einer Füllkörperkolonne, Kp = 56,2 °C (760 Torr). Acetonitril: gereinigt wie vorstehend, Kp = 80,1 °C (760 Torr). Azobisisobutyronitril (AIBN): gereinigt durch dreimaliges Umkristallisieren aus Äthanol, Kp = 104 bis 105 °C.

2.2. *Polymerisation*

Die Reaktionsmischungen wurden in Ampullen eingefüllt, durch alternierendes Einfrieren und Auftauen vom gelösten Sauerstoff befreit und unter Vakuum abgeschmolzen. Für alle Polymerisationen wurde Azobisisobutyronitril (AIBN) als Initiator eingesetzt. Die Polymerisationstemperatur betrug 50 °C ± 0,05 grd.

Das erhaltene Polymere wurde durch Ausfällen in Methanol isoliert, umgefällt und bei 40 °C im Vakuumtrockenschrank getrocknet.

2.3. *Copolymerzusammensetzung und Polymerisationsgeschwindigkeit*

Zur Bestimmung der Copolymerzusammensetzung wurden die Proben nach der Methode von *Wurzschmitt* [16] aufgeschlossen und der Chlorgehalt potentiometrisch ermittelt.

Die Bruttopolymerisationsgeschwindigkeiten erhielten wir aus dem gravimetrisch gemessenen Umsatz, der Polymerisationszeit und der Copolymerzusammensetzung nach der Beziehung

$$V_{Br} = -d([M_1] + [M_2])/dt. \tag{1}$$

In den Fällen, in denen die Copolymerzusammensetzung nur unwesentlich von der Zusammensetzung des Monomergemisches abweicht, wurde die Polymerisationsgeschwindigkeit allein aus Umsatz und Polymerisationszeit nach der Gleichung

$$V_{Br} = \frac{U \cdot ([M_1] + [M_2])}{t \cdot 100} \tag{2}$$

berechnet, wobei U = Umsatz in %, $([M_1] + [M_2])$ = Monomerkonzentration in mol/l und t = Polymerisationszeit in s ist.

3. *Ergebnisse*

In Bild 1 ist das Copolymerisationsdiagramm des Systems Vinylidenchlorid/Acrylnitril in Dimethylformamid bei einer Gesamtmonomerkonzentration von 3 und 7 mol/l dargestellt.

Beide Polymerisationsreihen, erhalten bei 50 °C und einer Initiatorkonzentration von $2{,}3 \cdot 10^{-2}$ mol/l, waren visuell homogen, die Polymerisationslösungen zeigten aber bei UV-Bestrahlung einen ausgeprägten *Tyndall*-Effekt. Der Polymerisationsverlauf besitzt also teilweise heterophasischen Charakter.

Bild 1 zeigt eine deutliche Abhängigkeit des Copolymerisationsverhaltens des Systems von der Monomer- bzw. Lösungsmittel-Konzentration, was auch in den nach *Fineman/Ross* [17] ermittelten Copolymerisationsparametern zum Ausdruck kommt:

$$[M] = 3 \text{ mol/l} \quad r_1 = 0{,}51 \quad r_2 = 0{,}73$$

$$[M] = 7 \text{ mol/l} \quad r_1 = 1{,}03 \quad r_2 = 0{,}77$$

(Der Index 1 bezieht sich hier und im folgenden immer auf Vinylidenchlorid.)

Das überraschende Ergebnis ist infolge der geringen Heterogenität der Polymerisation nicht allein durch Adsorptionseffekte erklärbar. Vielmehr drängen die Ergebnisse die Vermutung auf, daß eine tiefergreifende Beeinflussung der Copolymerisation durch das Lösungsmittel vorliegt. Dann sollten aber auch Einflüsse auf die Polymerisationsgeschwindigkeit zu erwarten sein.

Die im Bild 2 dargestellten Zeit/Umsatz-Kurven weisen Linearität bis etwa 10% Umsatz auf. Daher ist in diesem Bereich die Bestimmung der Bruttopolymerisationsgeschwindigkeit v_{Br} durch Einpunktmessungen zulässig.

Den Verlauf der nach dieser Methode bei Umsätzen < 10% berechneten v_{Br}-Werte in Abhängigkeit von der Gesamtmonomerkonzentration $[M] = ([M_1] + [M_2])$ und der Initiatorkonzentration $[I]$ veranschaulicht Bild 6.

Auch diese Polymerisationen weisen bis zu hohen Lösungsmittelkonzentrationen eine schwache, aber nur im UV-Licht sichtbare Heterogenität im Reaktionsablauf auf.

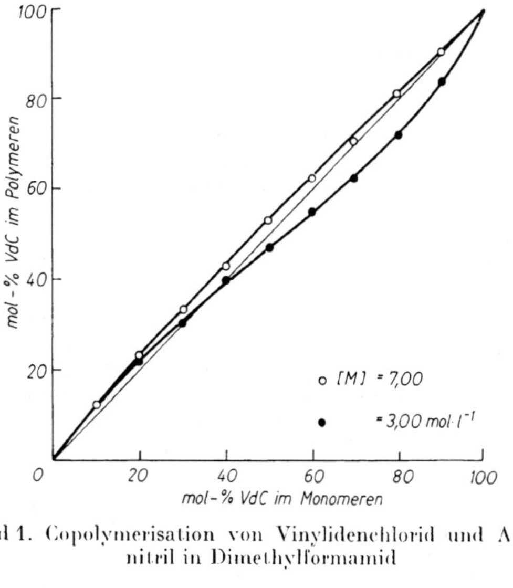

Bild 1. Copolymerisation von Vinylidenchlorid und Acrylnitril in Dimethylformamid

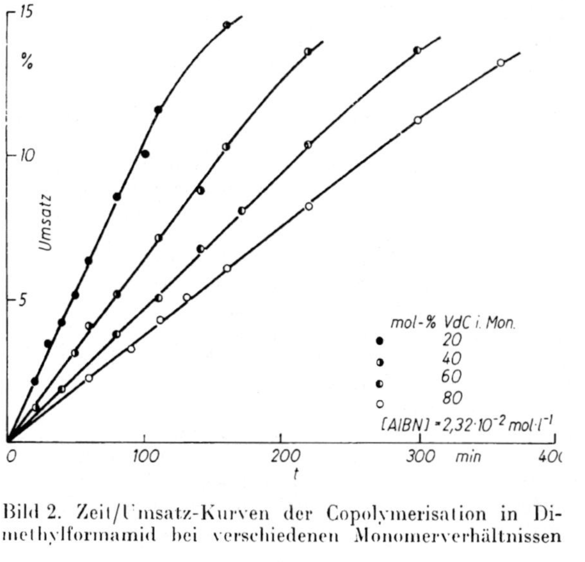

Bild 2. Zeit/Umsatz-Kurven der Copolymerisation in Dimethylformamid bei verschiedenen Monomerverhältnissen

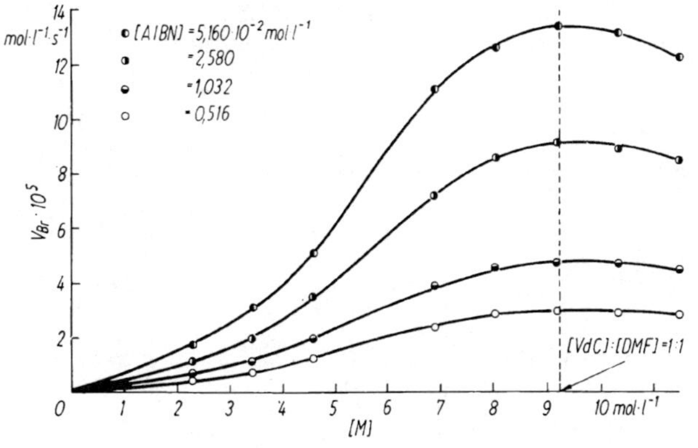

Bild 3. Bruttopolymerisationsgeschwindigkeit in Abhängigkeit von Monomer- und Initiatorkonzentration bei 47 mol-% Vinylidenchlorid im Ausgangsgemisch

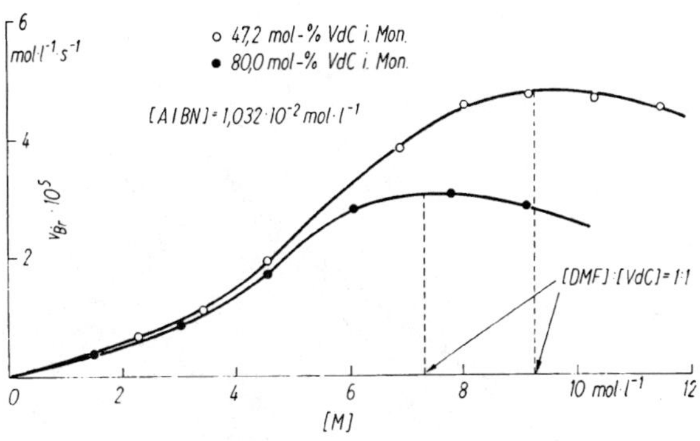

Bild 5. Bruttopolymerisationsgeschwindigkeit in Abhängigkeit von der Gesamtmonomerkonzentration bei 47 und 80 mol-% Vinylidenchlorid im Ausgangsgemisch

Statt eines normalen Verlaufes mit kontinuierlicher Zunahme der Polymerisationsgeschwindigkeiten bei steigender Monomerkonzentration werden Kurven mit ausgeprägten Maxima gefunden.

Wertet man die Ergebnisse nach

$$v_{Br} = K'[I]^x\,[M]^y, \tag{3}$$

wo $[M] = [M_1] + [M_2]$ und $[M_1]/[M_2] = \text{const.}$ aus, erhält man für die Monomerexponenten Werte von 1,2 bei $[M] = 2{,}2$ und 3,4 mol/l, 2,0 bei 5,0 mol/l und 0,0 bei 9,2 mol/l. Ab $[M] = 9{,}2$ mol/l wird der Exponent sogar negativ.

Der Initiatorexponent (berechnet aus Bild 4) ändert sich nur geringfügig von 0,60 bei $[M] = 2{,}2$ bis zu 0,65 bei $[M] = 9{,}2$. Diese vom Wurzelgesetz abweichenden Werte sind verständlich, wenn man die partielle Heterogenität der polymerisierenden Systeme und die Tatsache in Betracht zieht, daß bei der ebenfalls von uns untersuchten heterogen verlaufenden Substanzcopolymerisation ein Exponent von nahezu 0,8 ermittelt wurde.

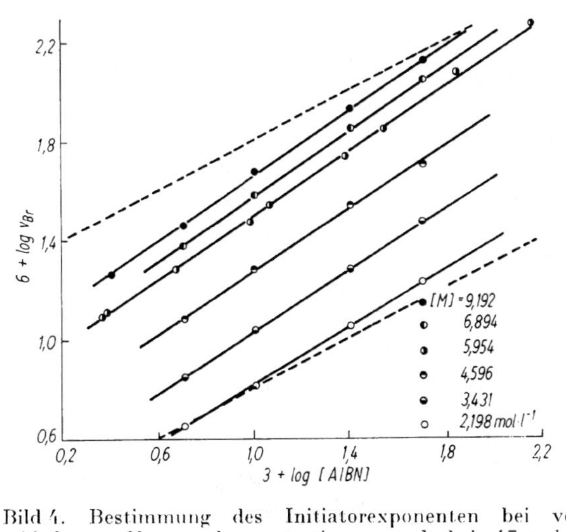

Bild 4. Bestimmung des Initiatorexponenten bei verschiedenen Monomerkonzentrationen und bei 47 mol-% Vinylidenchlorid im Ausgangsgemisch (die gestrichelten Linien geben die Wurzelabhängigkeit an).

Der Vinylidenchloridgehalt der Copolymerisate (Proben der Messungen von Bild 3 bei einer Initiatorkonzentration von $5{,}16\cdot 10^{-2}$ mol/l) ändert sich mit der Monomerkonzentration entsprechend Tabelle 1.

Analoge Untersuchungen zu den vorstehend beschriebenen, wurden auch bei 80 mol-% Vinylidenchlorid im Ausgangsgemisch durchgeführt. Wie man aus dem Vergleich der Geschwindigkeitskurven bei 47 und 80 mol-% Vinylidenchlorid sieht (Bild 5), verschiebt sich das Maximum bei höherem Anteil Vinylidenchlorid im Ausgangsgemisch zu einem geringeren Wert. Die Konzentrationsverhältnisse beider Maxima entsprechen einem Vinylidenchlorid/Dimethylformamid-Verhältnis von 1:1 (Bild 3 und 5). Eine Wechselwirkung des Lösungsmittels mit dem Vinylidenchlorid kann nach diesen Ergebnissen vermutet und diskutiert werden. Deshalb wurde die Copolymerisation, ausgehend von der Substanzpolymerisation bis zu Polymerisationen bei hohen Lösungsmittelkonzentrationen untersucht.

Messungen zur heterogen verlaufenden Copolymerisation in Substanz sind bereits von *Mayo* u. Mitarb. [18] beschrieben worden. Die Autoren beschränkten sich auf drei Versuche bei 60 °C und ermittelten hieraus die Copolymerisationsparameter zu $r_1 = 0{,}37$ und $r_2 = 0{,}91$.

Das Copolymerisationsdiagramm (Bild 6) bringt die gute Übereinstimmung der Ergebnisse von *Mayo* mit dem von uns gefundenen Kurvenverlauf zum Ausdruck (die ausgezogene Kurve verbindet die experimentellen Punkte), obwohl unsere Versuche bei 50 °C durchgeführt wurden. Diese Übereinstimmung ist offensichtlich auf die geringe Temperaturabhängigkeit der Copolymerisationsparameter zurückzuführen [19].

Tabelle 1. Copolymerisation in Dimethylformamid bei 47 mol-% Vinylidenchlorid im Ausgangsgemisch. Polymerisationstemperatur: 50 °C

[M] in mol/l	11,5	10,3	9,2	8,0	6,9	4,6	3,4	2,2
mol-% VC i. Pol.	43,1	46,1	48,3	49,7	49,8	44,6	44,9	44,8

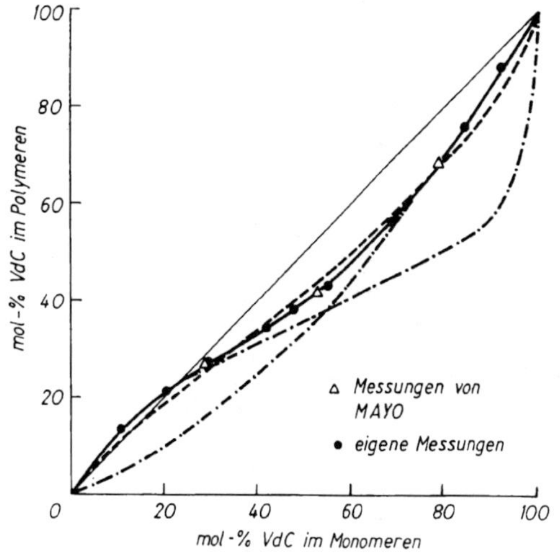

Bild 6. Copolymerisationsdiagramm der Substanzpolymerisation

Die kritische Betrachtung von Bild 6 zeigt aber auch, daß die von *Mayo* ermittelten *r*-Werte den Kurvenverlauf ungenau wiedergeben (gestrichelte Kurve). Vielmehr folgen die Meßpunkte in den beiden Bereichen mit Überschuß an einer Komponente jeweils einem anderen Kurvenverlauf (Strich-Punkt-Strich-Kurven). Übereinstimmend damit werden zwei Paare von Copolymerisationsparametern berechnet: für den Bereich von 0 bis 30 mol-% Vinylidenchlorid $r_1 = 0{,}05$, $r_2 = 0{,}69$ und für 70 bis 100 mol-% Vinylidenchlorid $r_1 = 0{,}73$, $r_2 = 2{,}65$.

Zwischen 40 und 70 mol-% Vinylidenchlorid befindet sich ein Übergangsbereich, der mit Unstetigkeiten im Geschwindigkeitsverlauf und in der Abhängigkeit der Grenzviskositäten der Copolymerisate von der Monomerzusammensetzung korreliert (Bild 7).

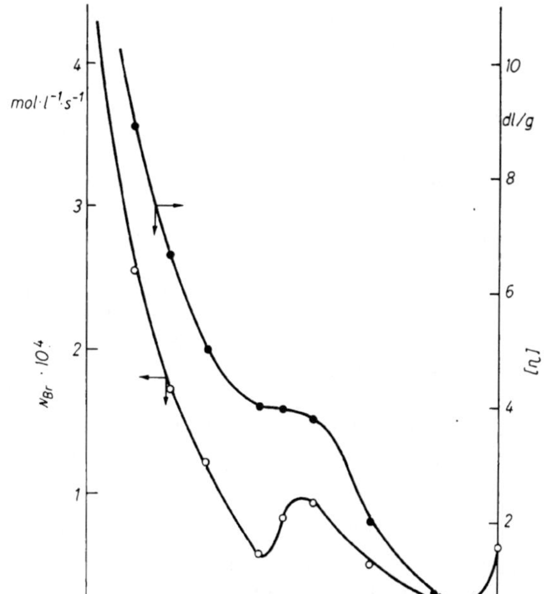

Bild 7. Bruttogeschwindigkeit und Grenzviskosität in der Substanzcopolymerisation. [AIBN] = $8{,}6 \cdot 10^{-3}$ mol/l [η] gemessen in DMF bei 25 °C

Tabelle 2. Copolymerisation in Dimethylformamid bei verschiedenen Dimethylformamid/Vinylidenchlorid-Verhältnissen (50 °C)

[DMF]/[VC]	r_1	r_2
0,5	0,82	1,65
1,0	0,99	0,95
2,0	0,93	0,75
3,0	0,81	0,73
4,0	0,52	0,72
8,0	0,53	0,73
10,0	0,52	0,74
20,0	0,52	0,73

Vergleicht man die Substanzcopolymerisation mit den Copolymerisationen bei Dimethylformamid/Vinylidenchlorid-Verhältnissen $\leqq 1$ und den zwei Meßpunkten einer in Toluol durchgeführten Copolymerisation, dann ergibt sich der in Bild 8 dargestellte Zusammenhang.

Ausgehend von der Copolymerisation in Toluol mit einem ungleich größeren Einbauverhältnis des Acrylnitril gegenüber dem des Vinylidenchlorid, erhöht sich der Einbau des Vinylidenchlorid bis zu einem Dimethylformamid/Vinylidenchlorid-Verhältnis von 1,0. Tabelle 2 gibt den Verlauf der Copolymerisationsparameter bei Verhältnissen Dimethylformamid/Vinylidenchlorid von 0,5 bis 20,0 wieder.

Der r_1-Wert (Vinylidenchlorid) vergrößert sich zunächst bis zum Verhältnis von 1,0, nimmt dann ab und wird bei etwa 4,0 konstant. Demgegenüber verringert sich r_2 (Acrylnitril) über das Verhältnis von 1,0 hinaus und erreicht bei etwa 3,0 bis 4,0 einen konstanten Wert.

Die bisherigen Ergebnisse in Dimethylformamid ließen erwarten, daß auch in den anderen Lösungsmitteln, zumindest aber in Hexamethylphosphorsäuretriamid (HMPT) und Dimethylsulfoxid (DMSO), ähnliche Effekte auftreten.

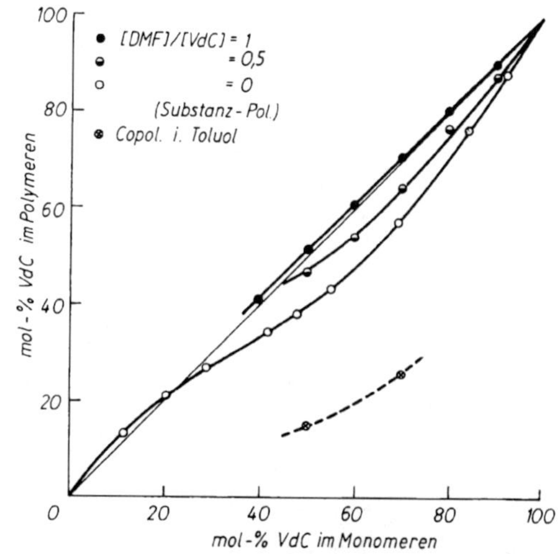

Bild 8. Copolymerisation bei Dimethylformamid/Vinylidenchlorid-Verhältnissen $\leqq 1$

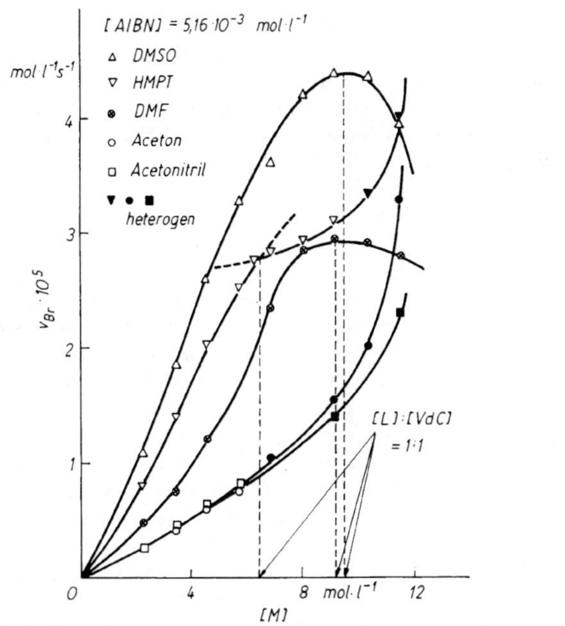

Bild 9. Bruttopolymerisationsgeschwindigkeit in Abhängigkeit von der Monomerkonzentration bei 47 mol-% Vinylidenchlorid im Ausgangsgemisch in Dimethylsulfoxid, Hexamethylphosphorsäuretriamid, Dimethylformamid, Aceton und Acetonitril. (Mit ‚heterogen' wird die visuell sichtbare Heterogenität bezeichnet)

Der Zusammenhang zwischen Bruttopolymerisationsgeschwindigkeit und Monomerkonzentration für die untersuchten Lösungsmittel bestätigt diese Vermutung (Bild 9). Die in Dimethylsulfoxid erhaltene Kurve weist wie die in Dimethylformamid ein Maximum beim 1:1-Verhältnis von Lösungmsittel (*L*) zu Vinylidenchlorid auf; die Kurve der Hexamethylphosphorsäuretriamid-Polymerisationen besitzt eine Unstetigkeit bei diesem Verhältnis. Im Hexamethylphosphorsäuretriamid und in stärkerem Maße bei Aceton und Acetonitril treten schon bei mittleren Monomerkonzentrationen

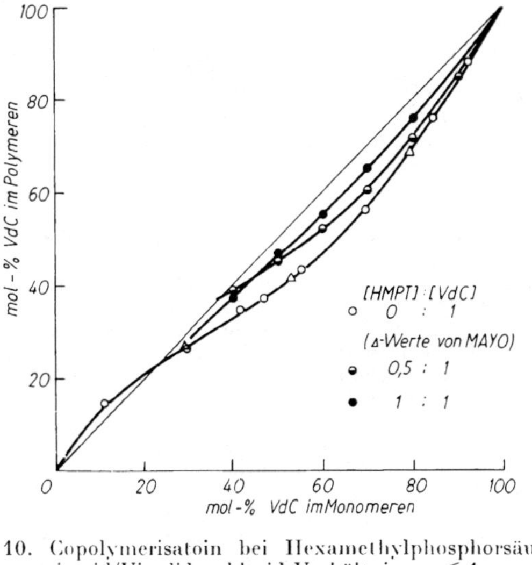

Bild 10. Copolymerisatoin bei Hexamethylphosphorsäuretriamid/Vinylidenchlorid-Verhältnissen ≤ 1

Tabelle 3. Copolymerisation in Dimethylsulfoxid, Hexamethylphosphorsäuretriamid, Aceton und Acetonitril (50 °C) *bei verschiedenen Lösungsmittel/Vinylidenchlorid-Verhältnissen*

[L]/[VC]	DMSO		HMPT		Aceton[1])		Acetonitril[1])	
	r_1	r_2	r_1	r_2	r_1	r_2	r_1	r_2
1,0	0,39	0,60	0,74	1,00	0,63	0,70	0,63	0,73
2,0	0,27	0,53	0,67	0,80	0,55	0,64	0,51	0,56
3,0	0,22	0,53	0,52	0,81	0,50	0,65	—	—
4,0	—	—	0,28	0,81	0,49	0,66	—	—
5,0	0,21	0,51	0,29	0,81	0,52	0,64	0,31	0,57
10,0	0,23	0,52	0,28	0,81	0,51	0,65	0,31	0,55

[1]) Bei Verhältnissen [L]/[VC] von 1,0 und 2,0 treten geringe, sichtbare Heterogenitätserscheinungen auf.

sichtbare Heterogenitäten auf, die Abweichungen nach höheren Bruttopolymerisationsgeschwindigkeiten verursachen. Die Ergebnisse zeigen weiterhin, daß sich im visuell homogenen Bereich unter identischen Bedingungen folgende Reihenfolge für die Polymerisationsgeschwindigkeiten ergibt: Dimethylsulfoxid > Hexamethylphosphorsäuretriamid > Dimethylformamid > > Aceton = Acetonitril.

In allen Copolymerisationen erhöht sich bis zum 1:1-Verhältnis von Lösungsmittel zu Vinylidenchlorid der Parameter des Vinylidenchlorids entweder absolut oder relativ zum Acrylnitril und derjenige des Acrylnitril verringert sich. Gemeinsam ist allen Copolymerisationen, daß vom 1:1-Verhältnis zu höheren Lösungsmittelkonzentrationen die Parameter beider Monomerer fallen, um bei bestimmten, von der Art des Lösungsmittels abhängigen Konzentrationsverhältnissen konstant zu bleiben.

Beispiele hierfür sind die Darstellungen in Bild 10, die die Copolymerisationen im Hexamethylphosphorsäuretriamid bei Verhältnissen von Lösungsmittel/Vinylidenchlorid ≤ 1 beschreiben und die Angaben in Tabelle 3, die den Verlauf der *r*-Werte bei Lösungsmittel/Vinylidenchlorid-Verhältnissen > 1 veranschaulichen.

Es war nun von Interesse zu untersuchen, ob auch in der Homopolymerisation des Vinylidenchlorids Abweichungen im kinetischen Verhalten auftreten.

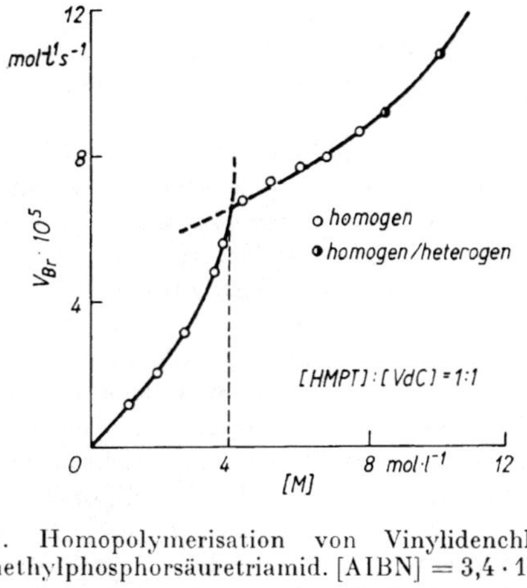

Bild 11. Homopolymerisation von Vinylidenchlorid in Hexamethylphosphorsäuretriamid. [AIBN] = 3,4 · 10⁻² mol/l (Die Bezeichnungen ‚homogen' und ‚heterogen' beziehen sich auf visuell sichtbare Homo- bzw. Heterogenität.)

Die Abhängigkeit der Bruttopolymerisationsgeschwindigkeit von der Monomerkonzentration in der Homopolymerisation des Vinylidenchlorids in Hexamethylphosphorsäuretriamid bei 50 °C zeigt tatsächlich eine Unstetigkeit im Kurvenverlauf bei einem Verhältnis von 1:1 (Bild 11). Auch hier verlaufen die als homogen bezeichneten Polymerisationen bis zu hohen Lösungsmittelkonzentrationen mit schwacher, visuell nicht sichtbarer Heterogenität ab.

4. *Diskussion*

Aus Untersuchungen von *Nagao* [20] ist bekannt, daß bei der Polymerisation einer wäßrigen Acrylnitrillösung das Monomere in beträchtlichem Maße am Polymerisat adsorbiert ist.

Bei der Interpretation der Ergebnisse der Heterogen-Copolymerisation von Vinylidenchlorid und Acrylnitril in verschiedenen Alkoholen und in Cyclohexan wird, wie eingangs schon beschrieben, eine selektive Adsorption des Acrylnitrils am Polymerisat angenommen [13, 14].

Bei den Copolymerisationen in Toluol (Bild 8) wird wesentlich mehr Acrylnitril als Vinylidenchlorid in das Copolymere eingebaut. Offensichtlich liegt hier ebenfalls eine Konzentrationsverschiebung am Reaktionsort zugunsten des Acrylnitrils vor, die einer bevorzugten Adsorption entspricht und durch die Solvatationskraft dieses Monomeren gegenüber dem Copolymerisat hervorgerufen wird (Lösungsversuche ergaben, daß Copolymere der Zusammensetzung 45 bis 65 mol-% Vinylidenchlorid bei rel. Molekülmassen zwischen 10000 und 15000 vollkommen in Acrylnitril löslich, in Vinylidenchlorid aber unlöslich sind).

Betrachtet man den Verlauf der Copolymerisationsparameter (Bild 8 und 10, Tabelle 2 und 3), dann scheinen die Veränderungen, ausgehend von der heterogen verlaufenden Substanzcopolymerisation, auf den ersten Blick allein durch eine Zunahme der Homogenität der Systeme bedingt zu sein. Dann aber wäre eine gleichlaufende Veränderung der r-Werte mit steigenden Lösungsmittelkonzentrationen zu erwarten. Die gemessenen r-Werte und der Verlauf der Copolymerisationsgeschwindigkeiten bei Variation der Lösungsmittelkonzentration (Bild 3, 5 und 9) zeigen aber vielmehr, daß bei Konzentrationsverhältnissen Lösungsmittel/Vinylidenchlorid von 1:1 signifikante Änderungen im kinetischen Verhalten der polymerisierenden Systeme auftreten.

Daher erscheint eine Annahme einer 1:1-Wechselwirkung zwischen den untersuchten Lösungsmitteln und dem Vinylidenchlorid berechtigt. Sie wird durch die Untersuchungsergebnisse der Homopolymerisation des Vinylidenchlorid im Hexamethylphosphorsäuretriamid unterstützt (Bild 11).

Dann muß auch, begründet durch die Wechselwirkung und die visuell nicht sichtbare, aber nachweislich vorhandene Heterogenität, zwangläufig eine Verschiebung der Konzentrationsverhältnisse am Reaktionsort bei Variation der Konzentration des Lösungsmittels eintreten und sich damit eine scheinbare Veränderung der Copolymerisationsparameter ergeben. Durch das Lösungsmittel wird das Copolymerisat und somit auch das Polymerradikal solvatisiert. Auf Grund der Vinylidenchlorid/Lösungsmittel-Wechselwirkung befinden sich mit steigender Lösungsmittelkonzentration im Mittel mehr Vinylidenchloridmoleküle in Nähe des Reaktionsortes. Gleichlaufend damit setzt eine Verdrängung des ebenfalls zu einer Solvatation des Polymerisats befähigten Acrylnitrils ein.

Die nach dem 1:1-Verhältnis beobachtete Erniedrigung beider Copolymerisationsparameter wird auf einen Verdünnungseffekt zurückgeführt. Mit steigender Lösungsmittelkonzentration erfolgt eine bevorzugte Solvation der Polymerradikale durch das nicht durch Wechselwirkung beanspruchte Lösungsmittel, womit eine Verdrängung des Vinylidenchlorid vom Reaktionsort auftritt, die sich mit der weiter fortsetzenden Verdrängung des Acrylnitril überlagert. Aus der Überlagerung ergeben sich die gemessenen r-Werte. Die Veränderung dieser Werte erfolgt so lange, bis alle an der Reaktion beteiligten Partner solvatisiert vorliegen oder die Verdrängung beider Monomerer vom Reaktionsort gleich stark ist.

Die dargestellte Interpretation berücksichtigt nur eine scheinbare Änderung durch Konzentrationsverschiebungen am Reaktionsort. Es kann aber nicht ausgeschlossen werden, daß die Wechselwirkung tatsächlich eine Reaktivitätsänderung bewirkt, worauf die in Tabelle 2 und 3 aufgeführten unterschiedlichen r-Werte bei hohen Lösungsmittelkonzentrationen und die Ergebnisse der Homopolymerisation des Vinylidenchlorids hindeuten. Eine Überlagerung beider Effekte ist denkbar.

Literatur

[1] *Lewis, F. M., Walling, C., Cummings, W.,* und *Briggs, E. R.:* Copolymerization. IV. Effects of temperature and solvents on monomer reactivity ratios. J. amer. chem. Soc. **70** (1948) S. 1519–1523.

[2] *Price, C. C.,* und *Walsh, J. G.:* Effect of dielectric solvent medium on copolymerization. J. Polymer Sci. **6** (1951) 2, S. 239–242.

[3] *Herma, H.,* und *Ulbricht, J.:* Copolymerisation ungesättigter Carbonsäuren mit Acrylnitril und Styrol. Teil 2: Copolymerisation in organischen Lösungsmitteln. Faserforsch. u. Textiltechnik **16** (1965) S. 387–395.

[4] *Herma, H.:* Lösungsmitteleffekte bei der Copolymerisation von Acryl- und Methacrylsäure mit Acrylnitril und Styrol in Dimethylsulfoxid. Faserforsch. u. Textiltechnik **18** (1967) S. 328–331.

[5] *Kerber, R.:* Änderung der Copolymerisationsparameter im System Styrol/Acrylsäure durch Lösungsmitteleffekte. Makromol. Chemie **96** (1966) S. 30–40.

[6] *Kerber, R.,* und *Glamann, H.:* Lösungsmitteleinflüsse auf die Copolymerisationsparameter des Systems Methylmethacrylat/Acrylsäure. Makromol. Chemie **100** (1967) S. 290–294.

[7] *Ryabov, A. V., Semcikov, Ju. D.,* und *Slavnickaja, N. N.:* Über die Zusammensetzung der Copolymeren der Methacrylsäure mit Methylmethacrylat und Styrol und deren Beeinflussung durch DMF-Zusätze. Dokl. Akad. Nauk SSSR (Ber. Akad. Wiss. UdSSR) **145** (1962) S. 822–823.

[8] *Kerber, R.,* und *Glamann, H.:* Zur Lösungsmittelabhängigkeit der Copolymerisationsparameter von Systemen, die Acrylsäure enthalten. Makromol. Chemie **144** (1971) S. 1–16.

[9] *Saini, G., Leoni, A.,* und *Franco, S.:* Solvent effects in radical copolymerization. I. Acrylamide. Makromol. Chemie **144** (1971) S. 235–244.

[10] *Saini, G., Leoni, A.,* und *Franco, S.:* Solvent effects in radical copolymerization. III. Methacrylamide. Makromol. Chemie **147** (1971) S. 213–218.

[11] *Brandrup, J.:* Copolymerisation in heterogenem Medium. Teil I. Copolymerisation in Wasser. Faserforsch. u. Textiltechnik **12** (1961) S. 133—140.
[12] *Ulbricht, J.*, und *Wolf, K. F.:* Plaste u. Kautschuk, im Druck.
[13] *Doi, T., Matsuki, M.*, und *Sugiyama, A.:* Kogyo Kagaku Zasshi **70** (1967) S. 1792.
[14] *Slavnitskaya, N. N., Semchikow, D.*, und *Ryabov, A. V.:* Tr. Khim. Khim. Tekhnol. **2** (1970) S. 90.
[15] *Robert, L.:* Chim. et Ind. **97** (1967), S. 337.
[16] *Wurzschmitt, B.*, und *Zimmermann, W.:* Die Metallbombe als Hilfsmittel in der Elementaranalyse. Fortschr. chem. Forsch. **1** (1949/50), S. 485—507.
[17] *Fineman, M.*, und *Ross, S. D.:* Linear method for determining monomer reactivity ratios in copolymerization. J. Polymer Sci. **5** (1950) 2, S. 259—262.
[18] *Lewis, F. M., Mayo, F. R.*, und *Hulse, W. F.:* Copolymerization. II. The copolymerization of acrylonitrile, methyl methacrylate, styrene and vinylidene chloride. J. amer. chem. Soc. **67** (1945) S. 1701—1705.
[19] *O'Driscoll, K. F.:* The temperature dependence of copolymerization reactivity ratios. J. macromol. Sci. A: Chemistry **3** (1969) S. 307—309.
[20] *Nagao, H., Uchida, M.*, und *Yamaguchi, T.:* Kogyo Kagaku Zasshi **59** (1956) S. 695.

Eingegangen am 26. März 1974

Über die Feinstruktur der Polyamide

X. Einfluß der thermischen Vorgeschichte auf das Schmelzverhalten von Polycaproamid¹) ²)

Peter Weigel, Rolf Hirte und Christian Ruscher

Akademie der Wissenschaften der DDR, Institut für Polymerenchemie in Teltow-Seehof, Abt. Polymerphysik

DK 678.675'126:536.421.1:532.78:543.226:539.213

Durch Variation der Kristallisationsbedingungen konnte eine Zuordnung der im Thermogramm von PA 6 zu beobachtenden Schmelzpeaks zur vorhandenen Struktur getroffen werden Es wird eine Beschreibung der beim Schmelzen von PA 6 ablaufenden Vorgänge gegeben.

О тонкой структуре полиамидов.
X. Влияние термической предистории образцов на поведение поликапроамида в процессе плавления

Изменение условий кристаллизации позволило отнести наблюдаемые в термограмме поликапроамида максимумы к существующей структуре. Описаны процессы, протекающие при плавлении поликапроамида.

The Fine Structure of Polyamides.
X. Effect of Thermal Prehistory on the Melting Behaviour of Polyamides

By variation of the conditions of crystallization the melt peaks in the thermogram of polyamide 6 were assigned to structural characteristics. The processes associated with the melting of polyamide 6 are described.

1. *Einleitung*

Wie in [1] gezeigt wurde, wird das Schmelzverhalten von PA-6-Proben in starkem Maße von den Bedingungen der Probenherstellung beeinflußt. Dabei ist eine Vielzahl physikalischer und chemischer Parameter von Bedeutung. Solange man sich mit Blockproben beschäftigt, die keinen besonderen mechanischen Kräften ausgesetzt sind, und bei denen man von chemischen Einflüssen und Veränderungen absehen kann, genügt es, die Untersuchungen nur auf die thermische Vorgeschichte zu erstrecken.

Auf die Struktur fester Proben haben die Bedingungen der Abkühlung und Temperung nach dem letzten Schmelzen des Materials den größten Einfluß. Der Einfluß dieser Bedingungen wird in der vorliegenden Arbeit untersucht. Von den Einflüssen der Schmelzebehandlung und vorhergehender Temperbehandlung wird dabei zunächst abgesehen.

2. *Experimentelles*

Die thermoanalytischen Untersuchungen wurden am Differential-Scanning-Calorimeter DSC—1 B der Firma Perkin-Elmer durchgeführt. Die Röntgenweitwinkelaufnahmen wurden mit einer Flachkamera URK (VEB Präzisionsmechanik Freiberg) bei Cu-K_α-Strahlung aufgenommen. Die Röntgenkleinwinkelaufnahmen wurden mit einer *Kiessig*-Kamera angefertigt.

Die an den Proben durchgeführte Temperaturbehandlung erfolgte im DSC — 1 B unter Stickstoffatmosphäre.

¹) Auszug aus der Dissertation von *Peter Weigel*, Berlin 1974.
²) Teil IX s. [1].

3. *Versuchsergebnisse und Diskussion*

3.1. *Einfluß der Kristallisationstemperatur auf das Schmelzverhalten*

Der Einfluß der Kristallisationsbedingungen auf das Schmelzverhalten der vorher kristallisierten Proben wurde an einigen Temperserien untersucht. Als Ausgangsmaterial dienten dabei zwei kommerzielle PA-6-Seiden-Granulate, A_1 mattiert, A_2 Glanzschnitzel. Für alle im folgenden beschriebenen Serien gelten gleiche Aufschmelzbedingungen:

Nach einer Trocknung bei 180 °C wurde das Material auf 250 °C erhitzt und dort 10 min getempert. Anschließend wurde das Material unterschiedlich abgekühlt und kristallisiert:

Serie 1 und 2: Abschrecken aus der Schmelze auf eine Kristallisationstemperatur T_k zwischen 90 und 210 °C.
Temperung für 2 bzw. 16 h bei dieser Temperatur.

Serie 3 und 4: Abschrecken der Probe in flüssigem Stickstoff. Schnelle Erhitzung bis auf eine Kristallisationstemperatur T_k zwischen 50 und 210 °C, $t_k = 2$ h.

Alle Proben wurden nach ihrer Herstellung zur Charakterisierung der Struktur röntgenographisch untersucht. Anschließend wurde im DSC das Schmelzverhalten verfolgt.

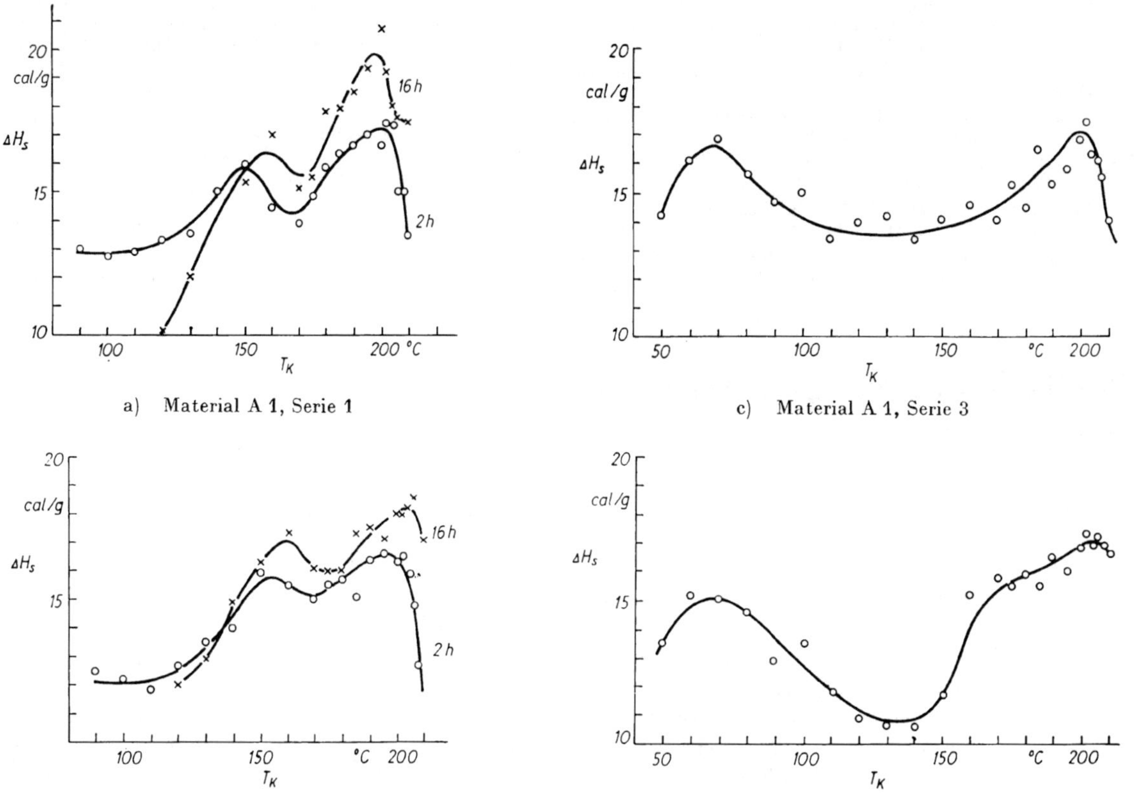

a) Material A 1, Serie 1

c) Material A 1, Serie 3

b) Material A 2, Serie 2

d) Material A 2, Serie 4

Bild 1. Abhängigkeit der Schmelzwärme ΔH_s von der Kristallisationstemperatur T_k

Die Thermogramme wurden durch Planimetrieren der Schmelzpeaks und Feststellung der Peaklagen ausgewertet. Die Schmelzwärmen ΔH_s sind in Bild 1 über der Tempertemperatur aufgetragen. Die Peaklagen sind in den Bildern 2 bis 5 dargestellt. Diese Bilder enthalten auch eine graphische Darstellung der α-γ-Anteile in den Proben, die sich auf eine visuelle Bewertung der Röntgenaufnahmen stützt.

Alle vier Serien zeigen im untersuchten Bereich einen Übergang von der γ- in die α-Modifikation. Die Lage dieses Bereiches ist für die beiden Materialien unterschiedlich und hängt außerdem von der Art der Behandlung ab.

So findet der α-γ-Übergang bei den aus der Schmelze kristallisierten Proben der Serie 1 (Material A_1) gegenüber der Serie 2 (Material A_2) erst bei höheren Temperaturen statt. Der Vergleich zwischen den aus dem Glaszustand kristallisierten Proben der Serien 3 und 4 ergibt ein genau umgekehrtes Verhalten. Der γ-α-Übergang findet bei dem Material A_1 bei niedrigeren Temperaturen statt als beim Material A_2. Das Schmelzverhalten aller vier Serien zeigt eine Abhängigkeit von der vorhandenen Struktur.

Die aus der Schmelze kristallisierten Proben der Serien 1 und 2 zeigen im Thermogramm bis zu fünf verschiedene Peaks (Bild 2 und 3).

Dabei gilt für das Auftreten der Peaks:

Peak 1: Er ist bei fast allen Proben vorhanden und entsteht beim Aufschmelzen monoklinen Materials. Dieses Material kann, wie in [1] gezeigt wurde, auch während der Messung entstanden sein.

Peak 2: Dieser Peak tritt nur bei Proben mit hexagonalen Anteilen auf und ist in seiner Intensität mit diesen korreliert.

Peak 3: Dieser Peak tritt bei Proben auf, die zwischen 160 und 190 °C getempert wurden. Er liegt etwa 30 grd oberhalb T_k. Seine Intensität und Lage ist von T_k und t_k abhängig und nimmt mit diesen zu. Er ist an das Vorhandensein eines γ-Anteils gebunden. Das wird besonders deutlich an den 2 h getemperten Proben. Das Material A_1 enthält in diesem Kristallisationsbereich überwiegend γ-Anteile, der Peak ist über den ganzen untersuchten Kristallisationsbereich vorhanden. Beim Material A_2 verschwindet er mit dem γ-Anteil ab $T_k = 185\,°C$.

Peak 4: Dieser Peak tritt bei Proben auf, die zwischen 170 und 190 °C kristallisiert wurden. Er liegt etwa 35 grd oberhalb der Kristallisationstemperatur. Er ist an die Existenz eines α-Anteils gebunden.
Beim 2 h kristallisierten Material A_2 findet im Temperaturbereich zwischen 170 und 190 °C der Übergang von der γ- in die α-Modifikation statt, und der Peak ist vorhanden. Er ist nicht erkennbar beim Material A_1, das in diesem Kristallisationsbereich nur

sehr geringe α-Anteile enthält. Bei 16 h Temperung enthält auch das Material A_1 in diesem Kristallisationsbereich größere monokline Anteile, der Peak erscheint im Thermogramm.

Peak 5: Dieser Peak ist bei allen Proben vorhanden. Er liegt bei niedrigen Kristallisationstemperaturen ca. 18 bis 20 grd oberhalb T_k. Diese Differenz wird mit wachsender Kristallisationstemperatur geringer und beträgt bei den höchsten T_k nur noch 10 grd. Beide Materialien verhalten sich dabei gleich. Die Intensität dieses Peaks nimmt mit wachsender T_k zu.

Peak 3, 4 und 5 hängen also von der Kristallisationstemperatur ab. Die Auflösung in Einzelpeaks ist nur bis zu Kristallisationstemperaturen von etwa 190 °C möglich. Oberhalb dieser Temperatur findet eine Überlagerung aller fünf Peaks statt. Die T_k-abhängigen Peaks überlagern sich mit den Peaks 1 bzw. 2.

Aus den erhaltenen Ergebnissen läßt sich folgern, daß bei $T_k = 150$ bis 160 °C die γ-Struktur besonders gut ausgebildet wird, während bei $T_k = 195$ bis 200 °C die bestgeordnete α-Struktur entsteht.

Bei den aus dem Glaszustand kristallisierten Proben der Serien 3 und 4 bestätigt sich das schon in [1] erhaltene Ergebnis: Es treten nur drei Peaks auf, Peak 3 und 4 fehlen bei diesen Proben generell (Bild 4 und 5).

Peak 1 und 2 liegen wieder bei den schon angegebenen Temperaturen. Peak 2 verschwindet mit dem γ-Anteil. Peak 5 liegt etwa 15 bis 20 °C oberhalb der Kristallisationstemperatur. Die Differenz wird mit wachsender T_k geringer.

Die Schmelzwärme ΔH_s zeigt in Abhängigkeit von der Kristallisationstemperatur zwei Maxima bei etwa 70 bis 75 °C und bei etwa 195 bis 200 °C. Während sich das obere Maximum mit dem der Serien 1 und 2 deckt, liegt das untere Maximum etwa 80 grd tiefer.

Das aus dem Glaszustand kristallisierte Material bildet offensichtlich den γ-Anteil besonders gut bei Temperaturen aus, die nur etwa 40 grd oberhalb der Glastemperatur liegen. Der α-Anteil dagegen bildet sich bei den gleichen Temperaturen wie bei Serie 1 und 2 aus.

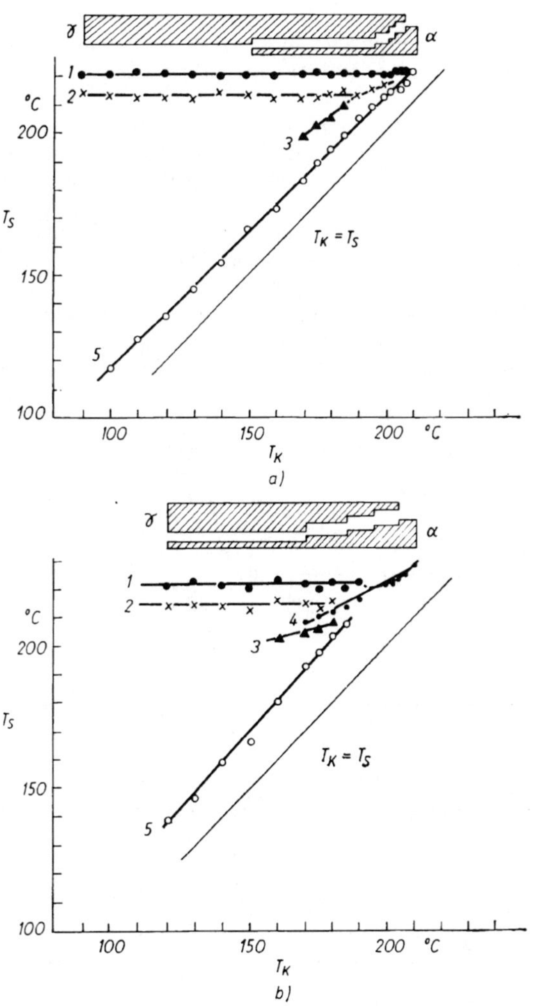

Bild 2. Peaklagen und α-γ-Anteile in Abhängigkeit von der Kristallisationstemperatur T_k (Serie 1 — mattiert)

a) $t_k = 2$ h b) $t_k = 16$ h

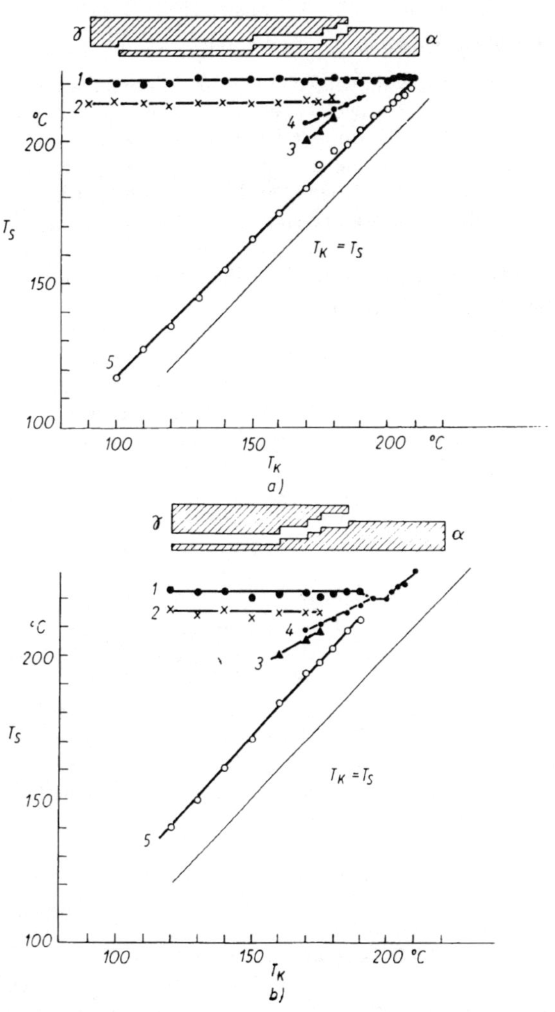

Bild 3. Peaklagen und α-γ-Anteile in Abhängigkeit von der Kristallisationstemperatur T_k (Serie 2 — unmattiert)

a) $t_k = 2$ h b) $t_k = 16$ h

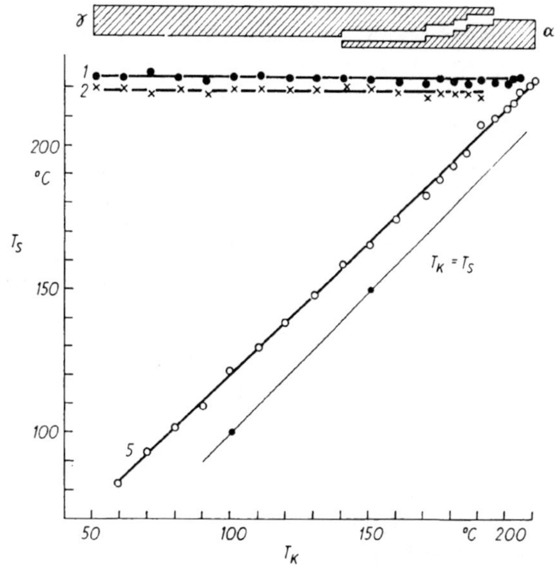

Bild 4. Peaklagen und α-γ-Anteile in Abhängigkeit von der Kristallisationstemperatur T_k (Serie 3 — mattiert)

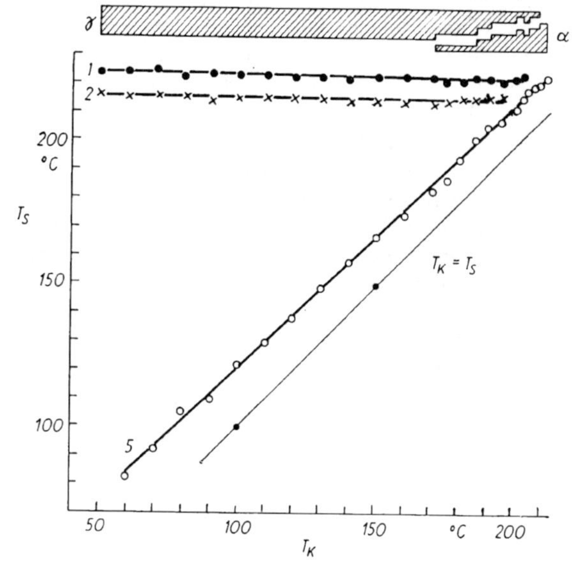

Bild 5. Peaklagen und α-γ-Anteile in Abhängigkeit von der Kristallisationstemperatur T_k (Serie 4 — unmattiert)

3.2. Einfluß der Kristallisationszeit

Neben der Abhängigkeit von der Kristallisationstemperatur ergibt sich auch eine Abhängigkeit des Schmelzverhaltens von der Kristallisationszeit.

Das wird bereits an den Ergebnissen aus der Serie 1 und 2 deutlich, bei denen $t_k = 2$ h und 16 h betrug.

In Bild 2 und 3 ist zu erkennen, daß die sich bildende Strukturmodifikation auch von t_k abhängt. Der Übergang von der γ- zur α-Struktur in Abhängigkeit von T_k vollzieht sich bei längerer Kristallisationszeit schon bei niedrigeren Temperaturen. Dieses Verhalten ist beim Material A_1 (Serie 1) deutlicher ausgeprägt als beim Material A_2 (Serie 2). Diese Erscheinung läßt sich deuten, wenn man annimmt, daß in dem fraglichen Temperaturbereich nach 2 h Temperung noch kein Gleichgewichtszustand erreicht ist.

Während der Temperung verläuft eine langsame γ-α-Umwandlung. Dabei kann man annehmen, daß die hier umkristallisierten γ-Anteile besonders instabil waren.

Die temperaturabhängigen Peaks 3, 4 und 5 verschieben sich mit wachsender Kristallisationszeit zu höheren Temperaturen. Besonders deutlich wird dieses Verhalten beim Peak 5. Hier beträgt die Differenz zwischen den Lagen dieser Peaks bei $t_k = 2$ und 16 h bis zu 10 grd. Diese Differenz nimmt mit steigender Kristallisationstemperatur zu. Bei Peak 3 und 4 ist die Verschiebung zu höheren Temperaturen ebenfalls zu beobachten. Sie liegt zwischen 2 und 6 grd.

Diese Lageveränderung des Peaks 5 läßt sich durch Ordnungsverbesserungen innerhalb der den Peak verursachenden metastabilen Gebiete deuten. Allerdings ist die Frage zu stellen, wieso sich dieser Peak nicht stärker verschiebt bzw. durch extrem lange Temperung in die eigentlichen Schmelzpeaks überführt werden kann. Man kann nur annehmen, daß es sich um Gebiete erhöhter Ordnung in verschlauften und verspannten Bereichen handelt, in denen zwar Ordnungsverbesserungen mit geringfügigen Vergrößerungen der Kohärenzlänge möglich sind, denen aber auf Grund der Verschlaufungen das Anwachsen an größere kristalline Einheiten nicht möglich ist.

Der Vergleich der ΔH_s-Kurven über der Temperatur für 2 und 16 h Temperung auf den Bildern 1a und 1b macht deutlich, bei welchen Tempertemperaturen die ΔH_s-Zunahme am langsamsten erfolgt. Es sind dies gerade die Gebiete zwischen dem γ- und dem α-Maximum. Die besonders hohen Werte, die die 16 h-Kurve oberhalb 190 °C erreicht, erklären sich durch die Ordnungsverbesserung innerhalb der monoklinen Kristallite, die, wie die Versuche in [1] zeigten, auch zur Erhöhung der Schmelztemperatur führen kann (dort als Temperatureffekt festgestellt).

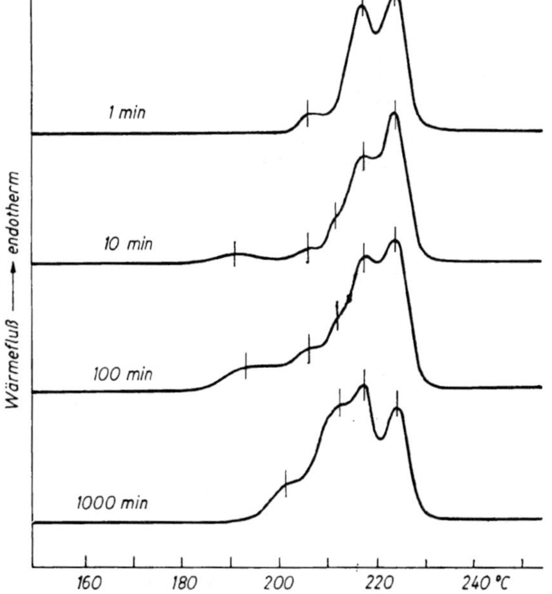

Bild 6. DSC-Kurven von PA-6-Proben
$T_k = 180$ °C, $t_k = 1$, 10, 100, 1000 min

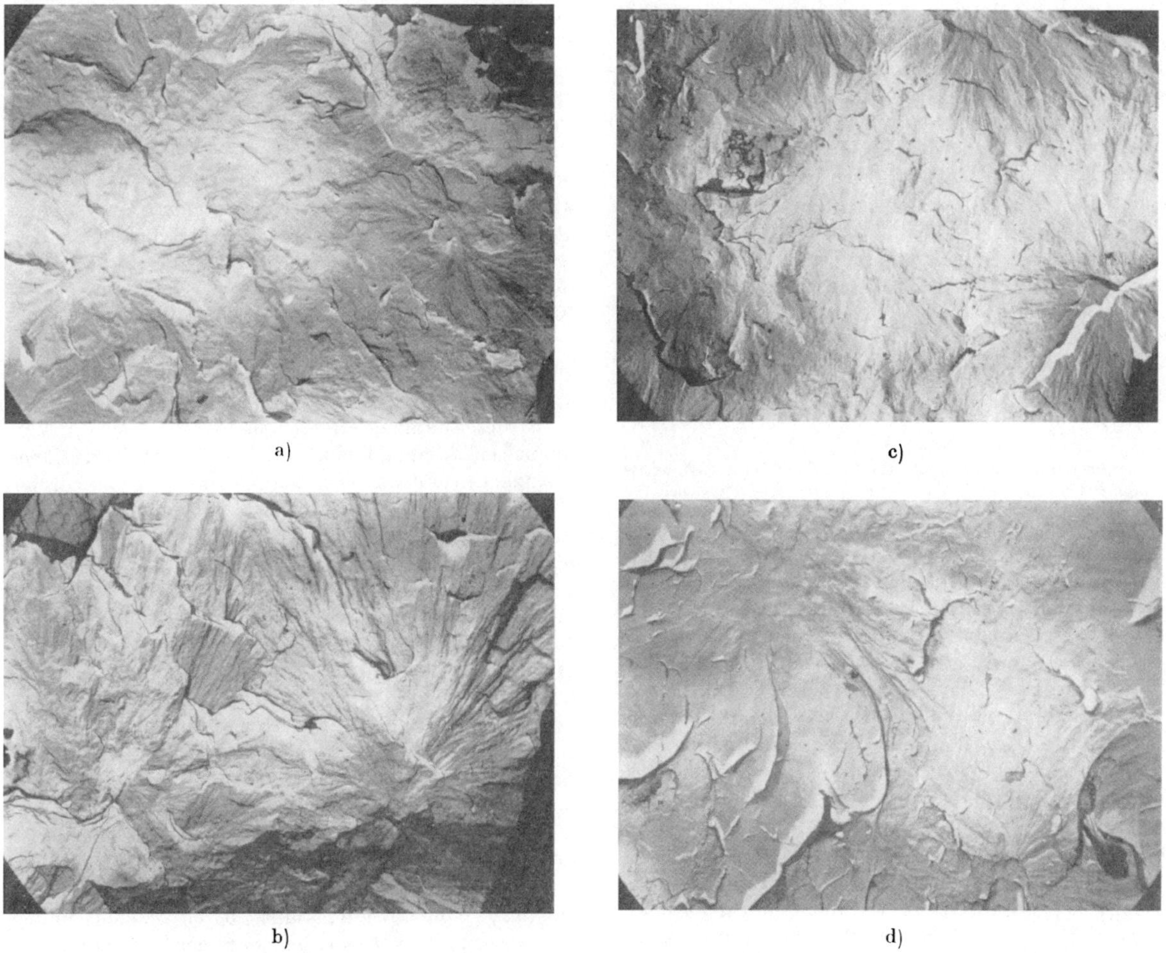

Bild 7. EM-Aufnahmen der Bruchflächen von PA-6-Proben
$T_k = 180\,°C$, $t_k = 1, 10, 100, 1\,000$ min.

Um den γ-α-Übergang während der Langzeittemperung näher zu untersuchen und um den Zusammenhang der α-γ-Bildung mit der Morphologie der Probe aufzuklären, wurden PA-6-Proben des Materials A_2 nach einer Schmelzebehandlung von 10 min bei 250 °C bei 180 °C für 1, 10, 100 und 1000 min getempert. Die Temperatur von 180 °C wurde ausgewählt, um bei dem gewählten Material im γ-α-Übergangsbereich zu sein. Die erreichte Struktur wurde durch Abschrecken in flüssigem Stickstoff eingefroren.

Die Proben wurden mit dem DSC und mittels Röntgenweit- und Kleinwinkelstreuung untersucht. An Bruchflächen, die in flüssigem Stickstoff hergestellt wurden, wurden auch EM-Untersuchungen durchgeführt. Bild 6 zeigt die DSC-Kurven, Bild 7 die EM-Aufnahmen der Bruchflächen der Proben. In Tabelle 1 sind die übrigen Parameter zusammengestellt.

Die Röntgenstruktur ändert sich mit wachsender Temperzeit zugunsten des α-Anteils, die 1 min getemperte Probe bildet dabei eine Ausnahme, die sich dadurch erklären läßt, daß sich beim Abkühlen die noch schlecht ausgebildete Ordnung in undefinierter Weise verbessert. Für diese Tatsache sprechen auch das Schmelzverhalten (Peak 5 fehlt) und die Kleinwinkelergebnisse.

Die Sphärolithstruktur ist schon bei kurzen Kristallisationszeiten ausgebildet und verändert sich bei $t_k = 1000$ min nicht mehr (Bild 7). Die Zunahme von

Tabelle 1. Schmelzpeaklagen, Röntgenstruktur, Langperiode, Kristallitdicke und Schmelzwärme von bei 180 °C aus der Schmelze kristallisiertem PA 6

t_k	Peak 5 °C	Peak 4 °C	Peak 3 °C	Peak 2 °C	Peak 1 °C	Röntgen-struktur	L Å	l Å	ΔH_s cal/g
1 min			204	215	223	$\alpha(\gamma)$	100	54	17,6
10 min	191	210	204	215	223	$\gamma(\alpha)$	99	59	18,3
100 min	194	211	205	216	223	$\alpha(\gamma)$	100	57	18,9
1 000 min	203	212		215	224	$\alpha(\gamma)$	99	56	19,7

ΔH_s zeigt, daß beim Tempern eine Ordnungsverbesserung stattfindet.

Das Schmelzverhalten korreliert mit der Änderung der Röntgenstruktur. Die von der Kristallisationstemperatur abhängigen Peaks 3, 4 und 5 zeigen wieder eine Abhängigkeit von der Temperzeit. Je länger getempert wird, desto höher liegen auch die Maxima dieser Peaks.

Die Langperiode L bleibt konstant, während die Kristallitdicke l geringfügig abnimmt. Das bedeutet, daß mit der Zunahme des α-Anteils Störstellen in den Lamellenkristallen ausheilen. Dadurch wird die Lamelle z. B. durch Herausdrücken von Kettenschlaufen insgesamt dünner. Die Ordnung in der Lamelle verbessert sich jedoch, dafür spricht auch die Zunahme von ΔH_s.

3.3. Beschreibung der strukturellen Vorgänge beim Schmelzen von PA 6

Bei der Untersuchung des Schmelzvorganges beobachtet man bei getemperten Proben zunächst den sogenannten Temperpeak (Peak 5), der ca. 10 bis 25 grd oberhalb der Kristallisationstemperatur liegt. Dieser durch Tempern entstandene Peak ist auch von anderen partiell-kristallinen Polymeren bekannt. Die Entstehung dieses Peaks kann man sich auf Grund seines Verhaltens wie folgt erklären: Beim Tempern entstehen in schlecht geordneten Grenzschichten Gebiete, in denen sich einzelne Kettenabschnitte parallel lagern können. Da diese Ketten in größere Kristallite eingebaut sind, ist der sich bildende Mikrokristallit starken Spannungen unterworfen.

Bei der Tempertemperatur herrscht ein Gleichgewicht zwischen dem Mikrokristalliten und der umgebenden Grenzschicht. Den gebildeten Mikrokristalliten kann man sich als verspannte Fransenmizelle vorstellen. Über die Größe dieser Mikrokristallite lassen sich kaum Angaben gewinnen. Extrapoliert man die Gleichung (1) in [1], die den Schmelzpunkt unverspannter Lamellen als Funktion ihrer Dicke angibt, auf den vorliegenden Fall, dann ergeben sich für niedrige Tempertemperaturen Werte in der Größenordnung einer Monomereinheit. Solche Mikrokristallite können in geringem Maß durch zunehmende Temperdauer ihre Stabilität und Größe verändern, sie können sich aber prinzipiell nicht mit anderen Kristalliten vereinigen. Beim weiteren Erhitzen nimmt infolge zunehmender Kettenbeweglichkeit die Stabilität der Mikrokristallite ab, die äußere Einwirkung wächst. Das führt zur Auflösung dieser Mikrokristallite.

Bei aus der Schmelze kristallisierten Proben findet man bei fortgesetztem Temperaturanstieg zwei weitere Peaks. Peak 3 konnte dem Aufschmelzen hexagonaler Anteile, Peak 4 dem Aufschmelzen monokliner Anteile zugeordnet werden. Diese Peaks entstehen durch das Aufschmelzen der während der Temperung gebildeten Kristallite. Das läßt sich durch Untersuchungsergebnisse von *Illers* und *Haberkorn* nachweisen. In ihrer Arbeit [2] wird durch Methoxymethylierung die Rekristallisation an aus dem Glaszustand kristallisierten Proben verhindert. Dabei zeigt sich, daß z. B. die bei $T_k = 180\,^\circ\mathrm{C}$ kristallisierten Proben bereits bei 206 °C aufschmelzen. Diese Temperaturlagen stimmen mit den in der vorliegenden Arbeit gefundenen Peaktemperaturen für die Peaks 3 und 4 überein. Das Auftreten der Peaks 3 und 4 ist an das Vorhandensein einheitlicher, gut geordneter Anteile in der Probe gebunden. Bei den aus dem Glaszustand kristallisierten Proben fehlen Peak 3 und 4. Das wird verständlich, wenn man die Temperaturbehandlung dieser Proben beachtet. Bei diesen Proben wird zunächst das Gebiet der maximalen Keimbildungsgeschwindigkeit durchlaufen. Es entstehen viele Kristallisationskeime. Die anschließend bei T_k durchgeführte Kristallisation ergibt eine hinsichtlich der Kristallitabmessungen und der Ordnung in den kristallinen Gebieten sehr heterogene Struktur. Ähnliches gilt für PA-6-Seiden, bei denen ebenfalls keine Kristallitgröße bevorzugt ausgebildet ist.

In diesen Fällen erfolgt das Aufschmelzen („Vorschmelzen") allmählich, und es erscheinen keine zusätzlichen Peaks. Das bei diesen relativ niedrigen Temperaturen aufgeschmolzene Material reorganisiert sich beim weiteren Temperaturanstieg wieder. Es bilden sich größere und stabilere Kristallite, die bei den Temperaturen der Peaks 1 und 2 aufschmelzen. Sind in der ursprünglich vorhandenen Probe hexagonale Anteile vorhanden, so erfolgt offensichtlich eine Reorganisation der hexagonalen Anteile, deren Aufschmelzen zu Peak 2 führt. Diese hexagonalen Anteile können bei 210 bis 217 °C nach ihrem Aufschmelzen erneut, aber diesmal monoklin rekristallisieren. Diese Anteile schmelzen bei ca. 223 °C auf. Die Stabilität der festen Phase endet normalerweise bei diesen Temperaturen. Allerdings läßt sich durch lange Kristallisation bei Temperaturen oberhalb 210 °C diese Stabilitätsgrenze zu höheren Temperaturen verschieben. Es entstehen monokline Kristallite, deren Ordnung immer besser wird. Peak 4 wandert in seiner Temperaturlage über die angegebene Grenze von 223 °C hinaus.

Zusammenfassung

Durch Variation der Kristallisationstemperatur und -zeit konnte eine Zuordnung der im Thermogramm zu beobachtenden Peaks getroffen werden. Peak 2 und 3 lassen sich dem in der Probe vorhandenen γ-Anteil, Peak 1 und 4 dem in der Probe vorhandenen α-Anteil zuordnen. Peak 5 ist von der Kristallstruktur unabhängig. Die Verschiebung der temperaturabhängigen Peaks zu höheren Temperaturen mit zunehmender Kristallisationszeit ist auf eine Herabsetzung des Fehlstellenanteils zurückzuführen.

Für die Durchführung der EM-Untersuchungen danken wir Herrn Dr. *E. Schulz*. Für die experimentelle Mitarbeit bei der Durchführung der Arbeiten sind wir unseren Mitarbeiterinnen *I. Eidtner*, *I. Möller* und *J. Schmidt* zu Dank verpflichtet.

Literatur

[1] *Weigel, P.*, *Hirte, R.*, und *Ruscher, Ch.*: Über die Feinstruktur der Polyamide. IX. Schmelzverhalten von Polycaproamid. Faserforsch. u. Textiltechnik/Z. Polymerforsch. **25** (1974) 5, S. 198–204.

[2] *Illers, K. H.*, und *Haberkorn, H.*: Schmelzverhalten, Struktur und Kristallinität von Polyamid 6. Makromol. Chemie **142** (1971) S. 31–67.

Eingegangen am 26. März 1974.

Faserforschung und Textiltechnik 25 (1974) Heft 7
Zeitschrift für Polymerforschung

Über die gaschromatographische Trennung von Oligoestern des Polyäthylenterephtalat-Typs

Werner Berger und Eberhard Tuček***

* *Technische Universität Dresden, Sektion Chemie, und*

** *VEB Chemiefaserwerk Wilhelm-Pieck-Stadt Guben, Hauptabteilung Forschungslabor*

DK 678.674'524'420:547.126 p ≧ 10:543.544.25.541.64

Die Arbeit befaßt sich mit der temperaturprogrammierten gaschromatographischen Trennung von linearen und cyclischen Oligoestern des Polyäthylenterephthalat-Typs. Die linearen Oligoester konnten als schwach polare Acethylderivate bzw. Methylester neben den cyclischen Oligoestern bis zu den trimeren Verbindungen an einer extrem kurzen Trennsäule getrennt werden.

К разделению олигоэфиров полиэтилентерефталата методом газовой хроматографии

Описано разделение линейных и циклических олигоэфиров полиэтилентерефталата методом газовой хроматографии с заданной температурной программой. Разделение линейных олигоэфиров в виде слабо полярных ацетильных производных или метиловых эфиров от циклических олигоэфиров вплоть до тримеров удалось провести на чрезвычайно короткой колонке.

Gel Chromatographic Separation of Oligoesters of Polyethylene Terephthalate

The temperature-programmed gas chromatographic separation of linear and cyclic oligoesters of the polyethylene terephthalate type is described. In an extremely short column these oligoesters were separated as weak polar acetyl derivatives or methylesters besides cyclic oligoesters up to the trimers.

1. *Einführung*

Der analytischen Bestimmung von Polyäthylenterephthalat-Oligomeren wird zur Kontrolle von Umesterungsprodukten und Direktveresterungsprodukten sowie bei der Untersuchung von Sublimaten aus dem Polyäthylenterephthalat (PÄT), die sich bei der PÄT-Herstellung und während des textilen Verarbeitungsprozesses an verschiedenen Anlagenteilen niederschlagen, große Beachtung geschenkt.

Als Analysenmethoden zur Trennung und quantitativen Bestimmung dieser Substanzen werden neben der in letzter Zeit an Bedeutung gewinnenden polarographischen Methode [1, 2, 3] vor allem chromatographische Verfahren herangezogen.

Die Dünnschichtchromatographie [4 bis 11] besitzt zur Trennung oligomerer Terephthalsäureester den breitesten Anwendungsbereich. Die Säulenchromatographie wurde zur präparativen Reinigung, aber auch zur analytischen Bestimmung von einheitlichen Oligomeren genutzt [5, 8, 10, 12]. Cyclische Oligoester konnten mit Hilfe der Gelpermeationschromatographie getrennt werden [11, 13, 14]. Die Papierchromatographie eignet sich ebenfalls zur Trennung von PÄT-Oligomeren [15].

Quantitative Bestimmungen einzelner Oligoester erfolgen nach vorangegangener Trennung mit Hilfe einer der genannten Methoden, am vorteilhaftesten durch UV-Spektroskopie [7, 8, 9, 12, 14].

Weiterhin wird eine gravimetrische Arbeitsweise in der neueren Literatur angegeben [5].

Die angeführten Trennverfahren sind zeitaufwendig, besonders wenn eine quantitative Bestimmung erforderlich ist. Diesen Nachteil kann eine gaschromatographische Analyse beseitigen. In der Literatur ist bisher keine Arbeit erschienen, die eine gaschromatographische Trennung von PÄT-Oligomeren beschreibt. Dies ist um so überraschender, als andere temperaturempfindliche bzw. sehr hochsiedende Verbindungen getrennt und quantitativ bestimmt werden [z. B. 16 bis 20].

Die bisher zur gaschromatographischen Untersuchung von Veresterungs- und Umwesterungsprodukten veröffentlichten Arbeiten enthalten nur die quantitative Bestimmung von *monomeren* Bestandteilen [21, 22]. Das gleiche trifft für die gaschromatographische Trennung von niedermolekularen Anteilen in aliphatischen Polyestern zu [23].

2. *Problemstellung*

Die Ergebnisse der Monomerentrennung [22] berechtigten zu der Schlußfolgerung, daß auch die Anfangsglieder der Oligomeren gaschromatographisch nachweisbar sein sollten. Hierbei müssen die vier polymerhomologen Reihen der PÄT-Oligomeren berücksichtigt werden. Nach der von *Zahn* und *Krzikalla* [15] eingeführten instruktiven Kurzschreibweise, die für Glykol H—G—H und für Terephthalsäure HO—T—OH verwendet, lassen sich diese Gruppen oligomerer Verbindungen schreiben als:

$H-[GT]_n-OH$	Oligoester-oxycarbonsäuren,
$H-[GT]_n-GH$	Oligoester-diole,
$HO-T-[GT]_n-OH$	Oligoester-dicarbonsäuren,
$\begin{bmatrix} GT \\ n \end{bmatrix}$	cyclische Oligoester.

Von diesen Verbindungsklassen stand authentisches Material bis n = 3 zur Verfügung bzw. wurde synthetisiert.

Wir stellten uns das Ziel, die linearen Verbindungen als Methylester bzw. Acetylderivate neben den cyclischen Oligoestern gaschromatographisch zu trennen. Der Auswahl einer geeigneten Trennflüssigkeit sowie der Ausarbeitung der chromatographischen Bedingungen mußte dabei große Beachtung geschenkt werden, um die Trennung bei möglich tiefen Trenntemperaturen und mit kurzen Retentionszeiten zu verwirklichen.

3. *Darstellung der Modellsubstanzen*

Die reinen Oligoester-diole und das cyclische Trimere stellte uns das Institut für Polymerenchemie Teltow-Seehof der AdW der DDR zur Verfügung, wofür wir an dieser Stelle unseren Dank aussprechen möchten. Die Oligoester-diole wurden vor den GC-Untersuchungen acetyliert; Oligoester-oxycarbonsäuren und -dicarbonsäuren synthetisierten wir in acetylierter Form bzw. als Methylester nach der von *Zahn* und *Meraskentis* [24, 25] zum Aufbau polymerhomologer Reihen von Oligomeren des PÄT-Typs beschriebenen Säurechloridmethode.

Tabelle 1. Synthetisierte Verbindungen und Ausgangsprodukte zu ihrer Darstellung

Synthetisierte Verbindungen	Ausgangsprodukte	Bemerkungen
$CH_3-\underset{\underset{O}{\|}}{C}-[GT]-OCH_3$	$H-[GT]-OCH_3$ Acetanhydrid	F. 51 °C
$CH_3-\underset{\underset{O}{\|}}{C}-[GT]_2-OCH_3$	$H-[GT]-OCH_3$ $CH_3-\underset{\underset{O}{\|}}{C}-GT-OCl$	F. 123 °C
$CH_3-\underset{\underset{O}{\|}}{C}-[GT]_3-OCH_3$	$H-[GT]-GH$ $CH_3O-T-OCl$ $CH_3-\underset{\underset{O}{\|}}{C}-GT-OCl$	Die synthetisierte Verbindung konnte nicht in reiner Form isoliert werden.
$CH_3O-T[GT]-OCH_3$	$H-[GT]_1-OCH_3$ $CH_3O-T-OCl$	F. 166···169 °C Lit. [15] 167 °C
$CH_3O-T-[GT]_2-OCH_3$	$\left\{\begin{matrix}H-[GT]-GH\\CH_3O-T-OCl\end{matrix}\right\}$ oder $\left\{\begin{matrix}CH_3O-TG-H\\ClO-T-OCl\end{matrix}\right\}$	F. 196···198 °C nach beiden Synthesewegen. Lit. [25]: 194···198 °C
$CH_3O-T-[GT]_3-OCH_3$	$H-[GT]_2-GH$ $CH_3OT-OCl$	F. 202···206 °C (verunreinigt durch den dimeren Dicarbonsäuredimethylester) Lit. [25]: 208···212 °C
$\begin{bmatrix}GT\\2\end{bmatrix}$	$H-[GT]-GH$ $ClO-T-OCl$	F. 226 °C Lit. [10]: 228···229 °C [26]: 229 °C [8]: 175, 224 °C

Als Ausgangsprodukte dienten Terephthaloylchlorid, Terephthalsäuremethylesterchlorid, Terephthalsäure-(β-acetoxyäthylester)-chlorid sowie Bis-(β-hydroxyäthyl)-terephthalat, β-Hydroxyäthylmethylterephthalat und das dimere Oligoester-diol. In Tabelle 1 sind die hergestellten Oligomeren und die zu ihrer Darstellung verwendeten Ausgangsprodukte zusammengestellt. Das cyclische Dimere wurde nach *Repin* [10] aus Bis-(β-hydroxyäthyl)-terephthalat und Terephthaloylchlorid unter Anwendung des *Ruggli/Ziegler*schen Verdünnungsprinzips gewonnen. Das nur in geringer Ausbeute anfallende Dimere konnte auf Grund seiner guten Löslichkeit in Benzol angereichert und als Rohprodukt isoliert werden.

Zum Nachweis der Identität der durch Umkristallisieren aus Aceton gereinigten Verbindung eignete sich die IR-Spektroskopie. Das IR-Spektrum entsprach den Angaben in der Literatur [10, 26].

Die trimere Verbindung $CH_3-\underset{\underset{O}{\|}}{C}-[GT]_3-OCH_3O$ bildet sich bevorzugt, wenn man Bis-(β-hydroxyäthyl)-terephthalat mit äquimolaren Mengen von Terephthalsäuremethylesterchlorid und Terephthalsäure-(β-acetoxyäthylester)-chlorid umsetzt:

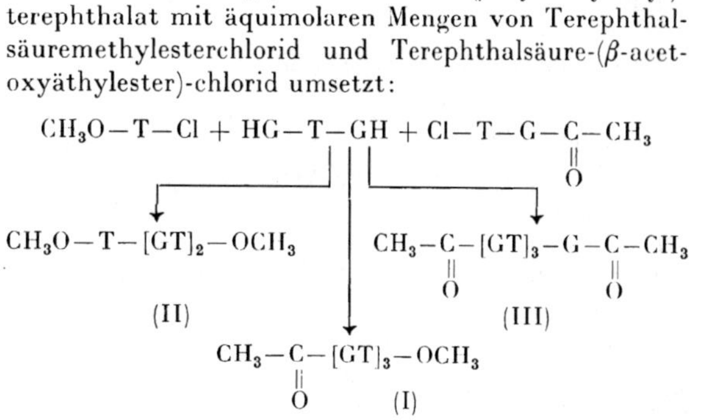

Als Nebenprodukte entstehen II und III.

4. *Gaschromatographische Untersuchungen*

Bei der Ausarbeitung einer GC-Methode zur Trennung der PÄT-Oligomeren muß beachtet werden, daß Oligoester mit ungeschützten Hydroxyl- und Carboxylgruppen bei hohen Trenntemperaturen chemischen Veränderungen unterliegen. Wir wendeten daher von vornherein das bei der Monomerentrennung angegebene Prinzip probenchemischer Vorbereitungen der Substrate an. Dies kommt schon in der Darstellung der unter Punkt 3 beschriebenen Modellsubstanzen zum Ausdruck.

Auch die Verbindungen mit geschützten Endgruppen bzw. die cyclischen Oligomeren zersetzen sich unter Inertgas-Atmosphäre bei 350 bis 400 °C. Diesen Hinweis erhielten wir aus DTA/TG-Messungen einzelner Oligoester (vergl. Bild 1). Der Auswahl der höchsten Trennsäulentemperatur ist dadurch eine obere Grenze gesetzt. Bezieht man die monomeren Ester in die Untersuchungen ein, so liegt ein Gemisch von Substanzen vor, deren Dampfdrücke sich stark unterscheiden. Daher wurde die temperaturprogrammierte Gaschromatographie angewendet. Zur Einhaltung möglichst kurzer Analysenzeiten bzw. tiefer Retentionstemperaturen können bei dieser Methode — einzeln oder kombiniert — mehrere Veränderungen der Trennbedingungen vorgenommen werden:

Änderung der Anfangstemperatur,
Änderung der Heizrate,
Änderung der Säulenlänge,
Änderung der Beladung des Trägermaterials mit Trennflüssigkeit.

Für das vorliegende Trennproblem kamen nur Hochtemperaturtrennflüssigkeiten in die engere Wahl. Nach vergeblichen Versuchen mit CARBOWAX 20 M, APIEZON L, EMULPHOR O gelang die gewünschte Trennung an einer

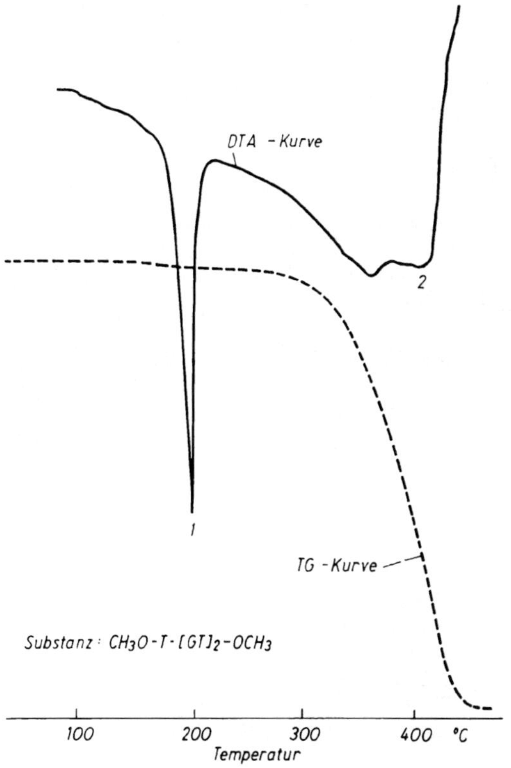

Bild 1. DTA/TG-Aufnahme des dimeren Oligoester-dicarbonsäuredimethylesters
1 Schmelzpeak 2 Pyrolysebeginn

Trennsäule mit Silicongummivorprodukt (Dimethylpolysiloxan) auf CHROMOSORB W (AW-DMCS) 60 bis 80 mesh. Als Trennsäule diente zunächst eine 30 cm Glassäule (2,7 mm im Durchmesser) mit 10% Silicongummivorprodukt auf CHROMOSORB W. Da die angegebenen Substanzen mit dieser Säule bis auf das Substanzpaar $CH_3O-T-[GT]_2-OCH_3 / \left[\begin{smallmatrix}GT\\3\end{smallmatrix}\right]$ mit 100%iger Auflösung getrennt wurden, verkürzten wir die Säulenlänge auf 15 cm, um die Analysenzeit zu verringern.

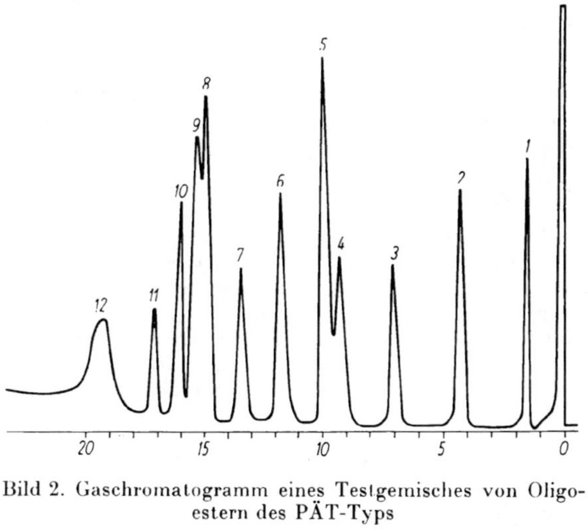

Bild 2. Gaschromatogramm eines Testgemisches von Oligoestern des PÄT-Typs
Heizrate: 15 grd/min. Komponenten: vergl. Bild 3

Bei Verminderung der Beladung des Trägermaterials mit Trennflüssigkeit von 10% auf 4% ergibt sich eine Erniedrigung der Retentionstemperaturen der einzelnen Substanzen um etwa 20 °C.

Bild 2 zeigt das Chromatogramm eines Gemisches der Testsubstanzen in Dioxan. Die Elutionsreihenfolge von Oligomeren mit gleichem n ist erwartungsgemäß:

$$\left[\begin{smallmatrix}GT\\n\end{smallmatrix}\right]$$

$$CH_3-\underset{\underset{O}{\|}}{C}-[GT]_n-OCH_3$$

$$CH_3-\underset{\underset{O}{\|}}{C}-[GT]_n-G-\underset{\underset{O}{\|}}{C}-CH_3$$

$$CH_3O-T-[GT]_n-OCH_3$$

Das cyclische Dimere (Trimere) wird relativ schlecht von dem monomeren (dimeren) Dicarbonsäuredimethylester getrennt.

Im Bild 3 sind die Retentionstemperaturen der einzelnen Komponenten als Funktion der Heizrate β dargestellt. Entsprechend den bekannten Gesetzmäßigkeiten der temperaturprogrammierten Gaschromatographie ergeben sich bei niedrigen Heizraten tiefe Retentionstemperaturen und lange Retentionszeiten. Als optimale Bedingungen für das vorliegende Trennproblem werden Heizraten von 10 oder 15 grd/min angesehen. Eine Anfangstemperatur von 80 °C gewährleistet eine gute Trennung des Dimethylterephthalates vom Lösungsmittel. Ist der Nachweis der monomeren Bestandteile nicht vorgesehen, so kann als Anfangstemperatur 200 °C gewählt werden. Für die gaschromatographischen Untersuchungen verwendeten wir das Fraktometer F 20 der Fa. Perkin-Elmer. Zur Vervollständigung der experimentellen Angaben sollen folgende Einstelldaten genannt werden:

Trägergas:	Stickstoff	25 ml/min,
	Wasserstoff	35 ml/min,
	Luft	300 ml/min;

Einspritzblock mit Glaseinsatz: 350 °C;
Saugspannung (Detektor): 180 V.

5. *Diskussion der Ergebnisse*

Die unter Punkt 4 dargelegten Untersuchungsergebnisse zeigen, daß es möglich ist, Oligomere bis $n = 3$ gaschromatographisch zu trennen. Dabei wurden durch den Einsatz einer extrem kurzen Trennsäule geringe Analysenzeiten bei relativ niedrigen Retentionstemperaturen verwirklicht. Bei Anwendung schwächer beladener Trennsäulen sollte es möglich sein, auch Oligomere mit $n = 4$ oder 5 zu trennen. Für diese Verbindungen besaßen wir jedoch kein authentisches Probenmaterial. Zur Identifizierung der höheren Oligomeren könnte der in Bild 4 dargestellte Zusammenhang zwischen Retentionstemperatur und Anzahl der Benzolkerne der getrennten Verbindungen von Nutzen sein.

Die angegebene Methode zur Trennung der Oligomeren läßt sich für die Bestimmung von Einzelkomponenten in Umesterungsprodukten oder Direktveresterungsprodukten der PÄT-Herstellung heranziehen. Vor der GC-Analyse dieser Vorkondensate ist,

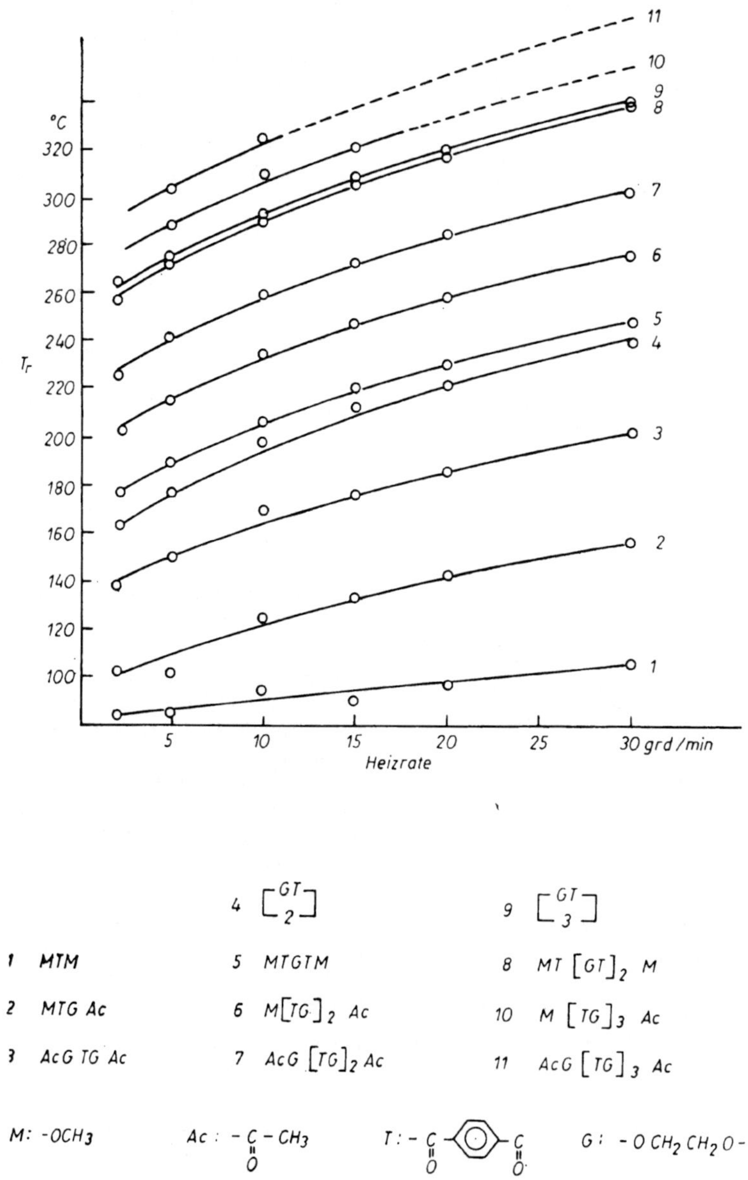

Bild 3. Retentionstemperaturen der Oligoester als Funktion der Heizrate

wie schon bei der Bestimmung der Monomeren beschrieben, eine Veresterung der Carboxylgruppen mit Diazomethan und eine Acetylierung der Hydroxylgruppen notwendig.

Der Vorteil der GC-Methode gegenüber den anderen chromatographischen Verfahren liegt in der relativ einfachen quantitativen Auswertung der Chromatogramme. Diese wird durch das Vorliegen symmetrischer Peaks (vergl. Bild 2) erleichtert. Das Chromatogramm zeigt, daß auch die Anwendung eines inneren Standards, der im Bereich zwischen den Monomeren und Dimeren liegen müßte, möglich ist.

Die quantitative Auswertung der Peaks des cyclischen Trimeren und des dimeren Oligoester-dicarbonsäuredimethylesters wird durch die schlechte Trennung des Substanzpaares erschwert. Für die Untersuchung von Veresterungs- und Umesterungsprodukten mit einem niedrigen P_n ist diese Schwierigkeit ohne Bedeutung, da solche Produkte noch keine cyclischen Oligoester enthalten.

6. *Zusammenfassung*

In der vorliegenden Arbeit wird die temperaturprogrammierte gaschromatographische Trennung von PÄT-Oligomeren beschrieben. Als Trennflüssigkeit eignet sich Silicongummivorprodukt. Die Oligoester bis zu den trimeren Verbindungen werden ohne Zersetzung eluiert. Daraus ergeben sich neue Möglichkeiten der quantitativen Bestimmung definierter Oligomerer, über die wir in einem weiteren Beitrag berichten werden.

Für die Mitarbeit bei den experimentellen Arbeiten möchten wir Frau *U. Schmidt* und Frau *A. Noack* unseren Dank aussprechen. Frau *H. Ewert* danken wir für die Anfertigung der DTA-Aufnahmen.

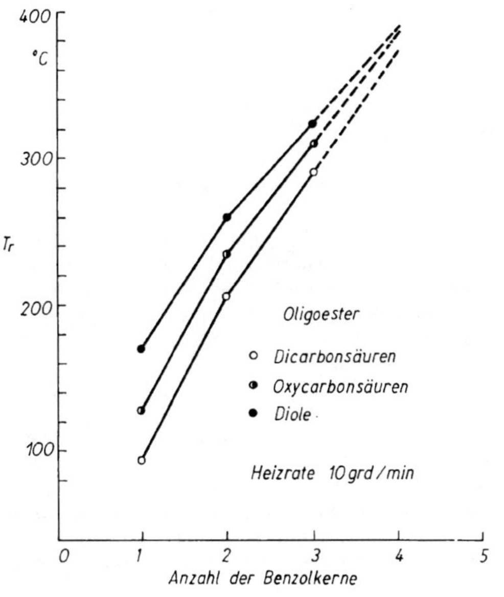

Bild 4. Zusammenhang zwischen Retentionstemperaturen und Anzahl der Benzolkerne von polymerhomologen Gliedern der Oligoester-Gruppen

Literatur

[1] *Jadrničkova, L.*, und *Krupička, J.*: Polarographische Bestimmung von Glykolestern der Phthalsäuren. Chem. Prům., Praha **18** (1968) (43) 10, S. 554—556.
[2] *Krumpolc, M.*, und *Malek, J.*: Esterification of 2-hydroxyethyl hydrogen terephthalate with ethylene glycol, III. Makromol. Chemie **168** (1973) S. 119—129.
[3] *Krumpolc, M.*, und *Malek, J.*: Esterification of benzene-carboxylic acids with ethylene glycol, IV. Makromol. Chemie **171** (1973) S. 69—81.
[4] *Heidemann, G.*, *Kusch, P.*, und *Nettelbeck, H.-J.*: Zur Analyse polymerhomologer Reihen des Nylon 6, 6,6 und Polyäthylenterephthalats. Z. analyt. Chemie **212** (1965) S. 401—409.
[5] *Pyl, Th.*, und *Wuntke, K.*: Dünnschicht- und säulen-chromatographische Trennung der Oligomeren vom Polyäthylenterephthalattyp an Aluminiumoxid. Plaste u. Kautschuk **15** (1968) 4, S. 274—275.
[6] *Pyl, Th.*, und *Wuntke, K.*: Die Dünnschichtchromatographie zur analytischen Erfassung des Reaktionsverlaufs bei der Herstellung von Polyäthylenterephthalat. Plaste u. Kautschuk **16** (1969) 4, S. 257—258.
[7] *Dorman-Smith, V. A.*: Die Trennung einiger PÄT-Oligomerer J. Chromatogr. **29** (1967) S. 265—266.
[8] *Peebles jr., L. H.*, *Huffman, M. W.*, und *Ablett, C. T.*: Isolation and identification of the linear and cyclic oligomers of poly(ethylene terephthalate) and the mechanism of cyclic oligomer formation. J. Polymer Sci. (A—1), **7** (1969) S. 479—496.
[9] *Vaik, G.*, *Loers, E.*, und *Küppers, P.*: Die Rolle von Oligomeren bei textilen Verarbeitungsprozessen von Polyesterfasern. Melliand Textilberichte **51** (1970) 5, S. 504—508.
[10] *Repin, J. F.*: Synthese und Eigenschaften cyclischer Oligoester aus Terephthalsäure und Äthylenglykol. Dissertation, Technische Hochschule Aachen 1968.
[11] *Senner, P.*: Mit Oligomeren leben. Lenzinger Ber., Lenzing/Österr. **33** (1972) 34, S. 44—51.
[12] *Dugal, S.*, *Krüßmann, H.*, und *Stein, G.*: Zur Analytik von Oligomeren in Polyesterfasern. Textil-Praxis **28** (1973) 6, S. 345—347.
[13] *Zahn, H.*, und *Kusch, P.*: Neues über Nylon- und Polyglykolterephthalat-Oligomere. Z. ges. Textilind. **69** (1967) 11, S. 880—884.
[14] *Cooper, D. R.*, und *Semlyen, J. A.*: Equilibrium ring concentrations and the statistical conformations of polymer chains: Part 11. Cyclics in poly(ethylene terephthalate). Polymer, London **14** (1973) 5, S. 185—192.
[15] *Zahn, H.*, und *Krzikalla, R.*: Synthese von einheitlichen, linearen Oligoestern vom Poly-glykol-terephthalat-typ. Makromol. Chemie **23** (1957) S. 31—53.
[16] *Gnauck, G.*, und *Fijolka, P.*: Gaschromatographische Untersuchung der Molekulargewichtsverteilung von Polyoxyalkylenglykolen. Plaste u. Kautschuk **19** (1972) 1, S. 28—31.
[17] *Törnquist, J.*: Quantitative analysis of polyethylene glycol monododecyl ethers by gas chromatography after silylation. Acta Chemica Scand. **23** (1969) S. 1935—1942.
[18] *Subbaram, M. R.*: Separation of saturated and unsaturated fatty acid esters of cholesterol by gas-liquid chromatography. J. Chromatogr. **15** (1964) S. 79—80.
[19] *Everard, E.*, *Claisen, M.*, und *van der Haeghe, M.*: Gas chromatography of penicillin and penicillanic acid esters. Nature, London **201** (1964) S. 1124—1125.
[20] *Daniels, D. G. H.*: Gas chromatography of long chain α,ω-diols and related compounds. J. Chromatogr. **21** (1966) S. 305—306.
[21] *Atkinson, E. R.*, und *Calouche, S. I.*: Analysis of polyethylene terephthalate prepolymer by trimethylsilylation and gas chromatography. Analyt. Chem. **43** (1971) 3, S. 460—462.
[22] *Berger, W.*, und *Tuček, E.*: Gaschromatographische Analyse von Veresterungs- und Umesterungsprodukten der Polyäthylenterephthalatherstellung. Faserforsch. u. Textiltechnik **24** (1973) 8, S. 317—321.
[23] *Tengler, H.*, und *von Falkai, B.*: Gaschromatographische Bestimmung niedermolekularer Anteile in aliphatischen Polyestern. Kunststoffe **62** (1972) 11, S. 759—765.
[24] *Meraskentis, E.*: Darstellung von Glykolterephthalat-oligomeren mit Hilfe der Säurechloridmethode. Dissertation, Technische Hochschule Aachen A1965.
[25] *Zahn, H.*, *Meraskentis, E.*, und *Valk, G.*: Synthese von Oligo-glykolterephthalaten mit unpolaren Endgruppen. Makromol. Chemie **91** (1966) S. 281—289.
[26] *Repin, J. F.*, und *Papanikolau, E.*: Synthesis and properties of cyclic di(ethylene terephthalate). J. Polymer Sci., A-1: Polymer Chem. **7**, (1969), S. 3426.

Eingegangen am 13. März 1974

Glasseiden-Verbundfäden[1])

Rolf Barthel, Hans Gocke, Ursula Bunzel und Gerhard Wolf

Akademie der Wissenschaften der DDR, Institut für Technologie der Fasern in Dresden

DK 677.521:677.061.1:677.017.4:678.065:678.029.5

Ausgehend von einer allgemeinen Charakterisierung der Glasseiden-Verbundfäden, von denen insbesondere Flexibilität und dynamische Tüchtigkeit zu fordern ist, wird ihre Eigenschaftsgestaltung am Beispiel des Glascordes gezeigt. Ein Vergleich verschiedener Glascorde mit einem speziellen Viskosecord für den Reifengürtel läßt erkennen, daß mit Glascord mindestens gleich gute dynamische Eigenschaften erreichbar sind. Neben dem Cord als Elastomer-Glasseide-Verbund wird auch auf die Entwicklung von Glasseidenverbundfäden mit anders gearteten Polymer-Zwischenmatrices anstelle hochfester organischer Fäden verwiesen.

Стеклянные композиционные нити

Исходя из общих требований к стеклянным композиционным нитям, для которых важны, в особенности, гибкость и хорошие динамические свойства, придание соответствующих свойств рассматривается на примере стеклянного корда. Как показывает сравнение различных типов стеклянного корда со специальным вискозным кордом, их динамические свойства полностью сопоставимы. Кроме корда как композиции стеклянной нити с эластомером рассматриваются и вопросы развития соответствующих композиционных нитей с другой полимерной матрицей вместо высокопрочных органических волокон.

Glass Filament Composites

Based on a general characterization of glass filament composites, which are particularly required to exhibit flexibility and dynamic resistance, the introduction of the required properties is described with glass filament cord as an example. The comparision of various glass cords with special viscose cord shows that with glass cord at least two dynamic properties of equal quality can be obtained. Besides cord based on elastomer-glass filament composites the development of glass filament composites with various polymeric matrices, which can replace high strength organic filaments, is mentioned.

1. *Einführung, Charakterisierung des Glascordes als Verbundfaden*

Glasseiden-Verbundfäden sind eine relativ junge Kategorie von Verbundwerkstoffen. Zur Einführung sollen ihre Besonderheiten charakterisiert, die allgemeinen Probleme ihrer Eigenschaftsgestaltung sowie ihre Einsatzgebiete und Vorteile gegenüber anderen Faserstoffen auf dem technischen Sektor herausgestellt werden. Sodann wird am Beispiel des wirtschaftlich bedeutendsten Glasseidenverbundfadens, des *Glascordes* zur Elastomerverstärkung, anhand experimenteller Ergebnisse die komplexe technologische Problematik der Gestaltung optimaler Eigenschaften umrissen.

Unter Glasseidenverbundfäden verstehen wir flexible Verbunde mit einachsiger Orientierung des Festigkeitsträgers, speziell multifiler Glasseide, die in Gestalt und Eigenschaften herkömmlichen textilen Fäden nahekommen. Im Gegensatz zu den weit verbreiteten verstärkten Plasten (GFP), bei denen der Festigkeitsträger, das Verstärkungsmaterial, in Masseanteilen von etwa 20 bis zu etwa 60% vertreten ist, beträgt der Glasfaserstoffanteil im Verbundfaden mindestens 70, in der Regel 80 bis 90, maximal etwa 95%. Es ist deshalb hier üblich, nicht wie bei den GFP den Glasanteil, sondern den Anteil an organischer Substanz im Verbund anzugeben. Die Glasseide übernimmt hier auch weniger die Funktion eines Verstärkungsmaterials für eine in der Regel starre Matrix, sondern eine möglichst flexible organische Substanz dient als Überzug für die Glasfäden. Die mechanischen Eigenschaften der organischen Substanz treten im Gegensatz zum GFP, in dem sie ja auch quantitativ wesentlich stärker beteiligt ist, als Einflußfaktor auf die Festigkeit eines Verbundfadens stark zurück. Unter Umständen ist der für die Verbundfadenbildung speziell herangezogene Plast oder auch Elast unverstärkt als Werkstoff gar nicht in Gebrauch. Die Bildung von „Verbundstäben“ anstelle von biegeweichen Verbundfäden wird einerseits durch die Flexibilität der organischen Überzugssubstanz, andererseits aber auch durch die geringen Dimensionen des Überzugsquerschnittes sowie des gesamten Fadens und damit geringe Biege-Widerstandsmomente vermieden.

Die genannten charakteristischen Unterscheidungsmerkmale gehen skizzenhaft aus Bild 1 hervor.

Mit der Bildung derartiger Verbundfäden zielt man auf Eigenschaftsmodifikationen der Glasseide in unterschiedlichen Richtungen zur Erschließung verschiedener Einsatzgebiete ab. Zu nennen sind hier hauptsächlich:

- die Bildung dickerer Fäden aus mehreren Spinnfäden, wobei Zwirnprozesse eingespart werden,
- die Bildung einer abriebfesten Oberflächenschicht,
- die Erzielung einer thermoplastischen Oberflächenschicht auf dem Glasfaden, die z. B. zur Erhöhung der Schiebefestigkeit von grobmaschigen Glasgeweben durch „Heißversiegeln“ genutzt wird,
- die Erhöhung der Beständigkeit gegenüber bestimmten chemischen Medien, auch gegenüber Witterungseinflüssen,
- die Erfüllung komplexerer Eigenschaftsforderungen, wie sie sich zum Beispiel aus dem Einsatz der Glasseide als Festigkeitsträger für die Elastomerverstärkung ergeben,

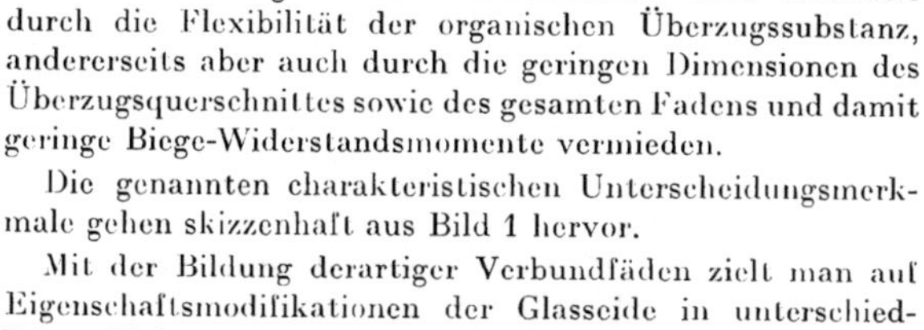

Bild 1. Gegenüberstellung glasfaserverstärkter Plaste und Verbundfäden

[1]) Vortrag, gehalten von *R. Barthel* auf dem Wissenschaftlichen Kolloquium anläßlich des 25jährigen Bestehens des Institutes für Technologie der Fasern der AdW in Dresden am 10. 10. 1973.

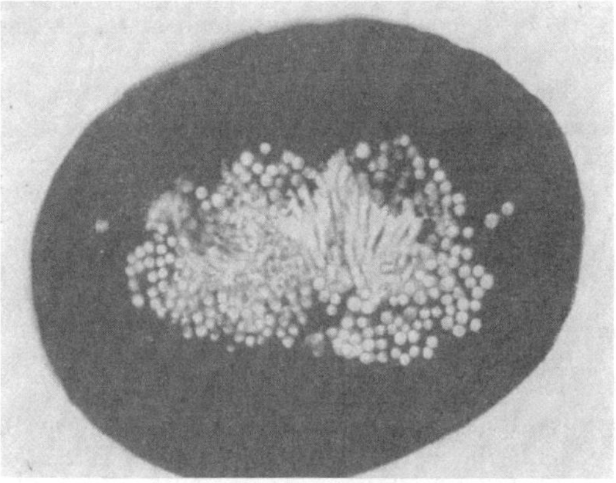

Bild 2. Querschnittsaufnahme einer thermoplastummantelten Glasseide (Vergr. 1:150)

in denen also die Glasseide bereits als Verbundkörper in einen weiteren Verbund eingebracht wird.

Die Einsatzgebiete, aus denen sich die erstgenannten Forderungen ableiteten, sind z. T. schon Jahrzehnte alt; es handelt sich in erster Linie um die Substitution metallischer Drähte bei der Herstellung von Siebgeweben wie Insektengaze oder auch grobmaschigen Filtergeweben, wenn man von untergeordneten Anwendungen wie gefärbten Einlegefäden für Elektrokabel absieht.

In der Regel werden die hierfür eingesetzten Verbundfäden durch Umspritzen gefachter Glasseiden mit einem Thermoplast auf dem Extruder erhalten. Hierbei werden die einzelnen Elementarfäden — es handelt sich um mehrere Hundert bis zu mehreren Tausend mit einem Durchmesser von etwa 10 µm — vom Plast praktisch nicht umhüllt und voneinander separiert. Es legt sich vielmehr ein Plastmantel um den gesamten Fadenstrang herum, der diesen vor Abrieb schützt oder andere der genannten Funktionen erfüllt (Bild 2).

Die einzelnen Elementarfäden können infolge des Oberflächenkontaktes bei dauernder Biegewechselbeanspruchung aneinander scheuern und dadurch an Festigkeit einbüßen, jedoch liegen diese Beanspruchungsbedingungen bei den genannten Anwendungen nicht vor, beziehungsweise stehen dort Festigkeitsanforderungen nicht im Vordergrund.

Anders liegen die Verhältnisse bei dem zuletzt genannten Einsatzgebiet für Glasseidenverbundfäden, der Verstärkung von Elastomeren, worauf im folgenden näher eingegangen werden soll. Hier kommt es darauf an, dem Elastomerverarbeiter — der Gummiindustrie — einen Faden zur Verfügung zu stellen, der sowohl die von den organischen Fäden her gewohnten Verarbeitungs- und Anwendungseigenschaften mit sich bringt als auch die erwünschten mechanischen Eigenschaften im verstärkten Elastomeren ergibt. Daraus resultieren demzufolge hauptsächlich Forderungen nach

ausreichender Flexibilität, um nicht wie bei der Verstärkung durch Stahlcord vor der Notwendigkeit der Einrichtung eines völlig neuen Maschinenparkes zu stehen,

maximaler Ausnutzung der Substanzfestigkeit der einzelnen Elementarfäden, die im Prinzip durch eine ausreichende Übertragung von Schubspannungen von Elementarfaden zu Elementarfaden über eine mechanisch geeignete und ausreichend am Glas haftende organische Zwischenschicht, eine „Zwischenmatrix", erreicht werden kann,

ausreichender Haftung zwischen dem Faden als Festigkeitsträger und der Elastomermatrix des Fertigproduktes, z. B. eines Reifens oder Keilriemens,

ausreichender dynamischer Tüchtigkeit, d. h. in erster Linie Wechsel-Biege- und Stauch-Dauerbelastbarkeit sowohl des Verbundes im Glasseide-Verbundfaden als auch im gesamten Final-Verbundkörper.

Da die multifile Glasseide infolge der Oberflächenempfindlichkeit der Elementarfäden bekanntlich dynamisch völlig unzureichend belastbar wäre, ergibt sich die Notwendigkeit einer Verbundbildung bereits vor dem Einsatz des Glasfadens als Verstärkung einer Elastomermatrix.

Die bei dieser Verbundbildung in den Faden einzubringende Zwischenmatrix hat — wie soeben erklärt — eine ganze Reihe von Funktionen zu erfüllen:

Kurz gesagt, muß sie *zwei* Grenzflächen — Glas/Zwischenmatrix und Zwischenmatrix/Elastomeres — optimal ausbilden, und zwar bezüglich der *Oberflächenbedeckung* und der *Grenzflächenhaftung*; außerdem bestimmen ihre mechanischen Eigenschaften in starkem Maße die Verbundeigenschaften. Das besondere Interesse der Gummiindustrie am Glasfaden als Verstärkungsmaterial resultiert aus

der hohen *querschnittsbezogenen* Festigkeit, die etwa derjenigen hochfester Stahldrähte entspricht und zugleich

der hohen *massebezogenen* Festigkeit, die über derjenigen üblicher organischer technischer Seiden liegt,

dem hohen Elastizitätsmodul und der Vollelastizität,

der thermischen Beständigkeit bezüglich Dimension und Festigkeit unter Vulkanisations- und Einsatzbedingungen und

dem relativ günstigen festigkeitsbezogenen Preis.

Hinzu kommen nationale Gesichtspunkte des Rohstoffaufkommens.

Anhand einer Übersicht (Tabelle 1) werden die massebezogenen und querschnittsbezogenen Festigkeiten der heute in nennenswertem Einsatz befindlichen Cordtypen verglichen.

Hierbei fällt auf, daß die anorganischen Corde aus Stahl oder Glas etwa dreifach höhere querschnittsbezogene Festigkeiten aufweisen als die organischen, womit also Reduzierungen der tragenden Querschnitte im Gummierzeugnis auf etwa 1/3 möglich werden.

Bezüglich der massebezogenen Festigkeit, die maßgebend für die in einer bestimmten Konstruktion einzusetzenden Materialmengen ist, liegt Stahl am ungünstigsten, während durch Glas alle anderen Werte, der von Stahl sogar sehr beachtlich (2,5fach), übertroffen werden.

Im Gegensatz zu den aufgeführten organischen Corden dürfte die Eigenschaftsentwicklung beim Glascord noch nicht abgeschlossen sein; beim Glas z. B. stellt der Wert von 80 p/tex den heute etwa erreichten Stand dar, während die angegebenen 120 p/tex etwa der Festigkeit des Elementarfadens aus E-Glas entsprechen, die in der Regel höher als die technische Festigkeit einer multifilen Seide ist.

Eine Festigkeitsreserve besteht beim Glas noch von der Spinnglaszusammensetzung her: Das für die Plastverstärkung, aus Kostengründen allerdings nur in ausgewählten

Tabelle 1. Festigkeiten verschiedener Cordtypen

Cord-Rohstoff	Festigkeiten massebezogen p/tex	Festigkeiten querschnittsbezogen kp/mm²
Viskose		
Super 2	39	60
Super 3	43	65
Polyamid	72	80
Polyester	63	85
Stahl	32(···38)	250(···300)
Glas	80(···120)	200(···300)

Fällen, eingesetzte S-Glas vom Typ eines Aluminium/Magnesium-Silicates erbringt etwa um 40% höhere Fadenfestigkeiten als das bislang übliche E-Glas vom Typ eines Aluminium/Bor-Silicates, und das „HS"-Glas, eine Weiterentwicklung des „S"-Glases, sogar um 75% höhere Werte [1].

Auf Grund der genannten positiven Eigenschaften hat der Glascord im Ausland bereits ein sehr beachtliches Einsatzvolumen erreicht: Mit rd. 25 kt/a beträgt sein Anteil an der Glasseidenproduktion der USA rd. 10%. Etwa 80% aller Erstausstattungsreifen sind mit Glascordgürteln versehen, und am Ganzglasreifen, der eine weiter gesteigerte dynamische Tüchtigkeit des Cordes erfordert, wird z. Z. intensiv gearbeitet [2, 3].

Nach dieser kurzen Einführung soll nun über einige Ergebnisse aus eigenen technologischen Untersuchungen zur Eigenschaftsgestaltung von Glascord berichtet werden.

2. Versuche zur Eigenschaftsgestaltung von Glascord

2.1. Technologische Übersicht

Als wesentlichste Eigenschaften eines Cordes waren die Festigkeit, das elastische Verhalten, die Haftung und die Ermüdungsbeständigkeit gegenüber dynamischer Belastung — kurz mit dynamischer Tüchtigkeit zu bezeichnen — genannt worden.

Wir haben versucht, die unserer Ansicht nach hauptsächlichen technologischen, einschließlich stofflichen Einflüsse auf diese Eigenschaften anhand eines Ursache-Wirkungs-Schaubildes (Bild 3) in ihren jeweiligen Auswirkungen darzustellen und auf diese Weise zugleich die beachtliche Komplexität des gesamten Problems aufzuzeigen. Man erkennt auf den ersten Blick eine sehr starke Vermaschung aller Einflüsse, wobei das Bild natürlich über den Grad, die „Straffheit" des jeweiligen Zusammenhanges, keine Auskunft gibt.

Es ist auch hinzuzufügen, daß eine weitere Untergliederung der Einflüsse durchaus möglich ist, vor allem bezüglich der Einzelbestandteile der unter Schlichte- und Imprägniermittelzusammensetzung zusammengefaßten organischen Komponente und der Imprägniertechnologie; ferner, daß die Grafik sowohl sofort plausible als auch aus der Literatur und eigenen Ergebnissen abgeleitete Zusammenhänge enthält.

Die linke Spalte enthält die wesentlichsten Elemente des technologischen Prozesses, wozu darauf hinzuweisen ist, daß sich die organische Komponente aus einem im Spinnprozeß als Schlichte aufgebrachten Anteil von etwa 1% und einem in einem speziellen Imprägnierprozeß nachträglich aufgebrachten Anteil

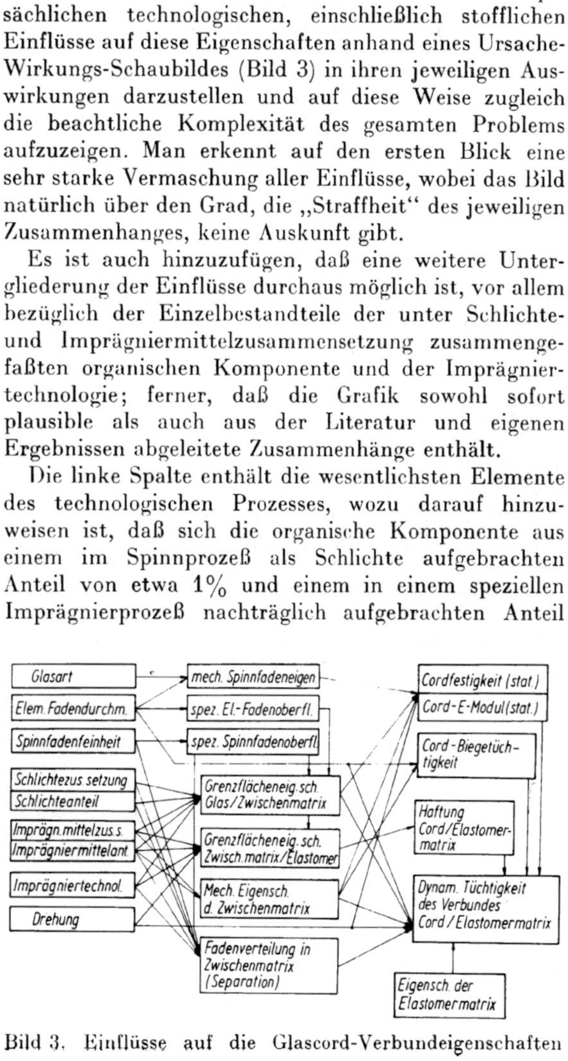

Bild 3. Einflüsse auf die Glascord-Verbundeigenschaften

von etwa 15% Festsubstanz zusammensetzt, bezogen auf die Gesamtmasse des Cordes.

Die Schlichte besteht hauptsächlich aus einem verarbeitungstechnisch bedingten Binder zur Erzielung des Spinnfadenschlusses sowie aus Substanzen, die in erster Linie auf die Ausbildung der Grenzfläche zwischen dem Glas-Elementarfaden und der im Imprägnierprozeß aufgebrachten „Zwischenmatrix" gerichtet sind. Ein zu niedriger Schlichteanteil ergibt ungenügenden Fadenschluß, ein zu hoher führt ebenso wie ein ungeeigneter Binder infolge der Fadenverklebung zu unzureichendem Imprägniereffekt.

Von der Imprägniermittelzusammensetzung werden neben einer Reihe spezieller Verarbeitungsanforderungen hauptsächlich die Ausbildung einer die Elementarfäden möglichst vollständig umhüllenden Zwischenmatrix mit geeigneten mechanischen Eigenschaften gefordert, ferner eine ausreichende Haftung dieser Zwischenmatrix und damit des Cordes an der jeweiligen Elastomermatrix, zu deren Verstärkung der Verbundfaden dienen soll.

Als Haupteinfluß auf die nach unserer Ansicht für die Erzielung einer guten dynamischen Tüchtigkeit maßgebende Fadenverteilung in der Zwischenmatrix, und zwar mit möglichst vollständiger Separation der Einzelfäden, dürfte die Imprägniertechnologie anzusehen sein.

Letztlich ist die Verzwirnung der Corde im allgemeinen ein wesentliches Mittel zur Erhöhung ihrer dynamischen Tüchtigkeit, da die durch das Drehen hervorgerufene schraubenförmige Lage der Fäden bei Stauchbeanspruchung ein seitliches Ausweichen innerhalb der Fadensäule ermöglicht und so die schädliche Knickbeanspruchung vermieden werden kann. Wie angezeigt, übt die Drehung gleichfalls auf die Zugfestigkeit und den Modul einen (in der Regel negativen) Einfluß aus.

Die Biegetüchtigkeit wird oftmals auch als Ausdruck für die dynamische Tüchtigkeit angesehen und quantitativ ermittelt — offenbar u. a. deshalb, weil sie prüftechnisch wesentlich leichter erfaßbar ist als letztere. Unseres Erachtens kann sie keinesfalls alleiniges Kriterium hierfür sein, schon deshalb nicht, weil sie nur am Faden ermittelt wird und deshalb die Grenzfläche zwischen Cord und Elastomermatrix sowie die mechanischen Eigenschaften der letzteren unberücksichtigt läßt. In der mittleren Spalte sind die wesentlichsten morphologischen Elemente des Verbundfadens angeführt mit ihren Beziehungen zu den physikalischen Eigenschaften, wobei die Grenzflächeneigenschaften und die Fadenverteilung, d. h. die Separation, besonders hervorzuheben sind.

Einige Ergebnisse aus Versuchen zu den soeben prinzipiell erörterten Beziehungen sollen hierzu einen quantitativen Begriff vermitteln.

2.2. Einfluß des Elementarfadendurchmessers

Bild 4 zeigt die statische Zugfestigkeit eines Cordes in Abhängigkeit vom Elementarfadendurchmesser und im Vergleich dazu die Festigkeit des Glasseiden-Spinnfadens jeweils vor der Verbundbildung. Der Festigkeitsanstieg des Cordes mit abnehmendem Fadendurchmesser dürfte auf die gleichfalls ansteigende Spinnfadenfestigkeit zurückzuführen sein.

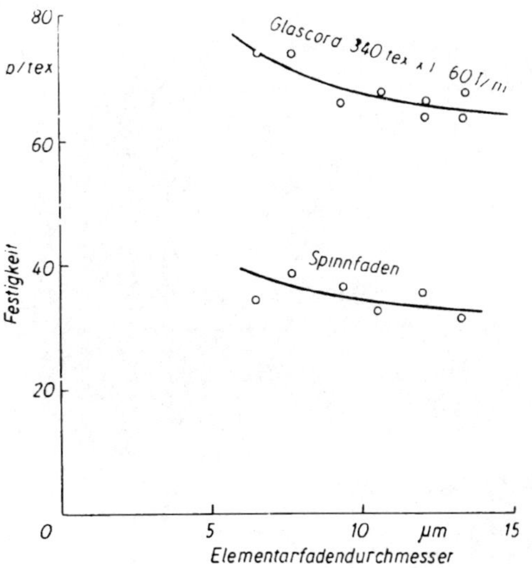

Bild 4. Abhängigkeit der Festigkeit des Spinnfadens und des Glascordes vom Elementarfadendurchmesser

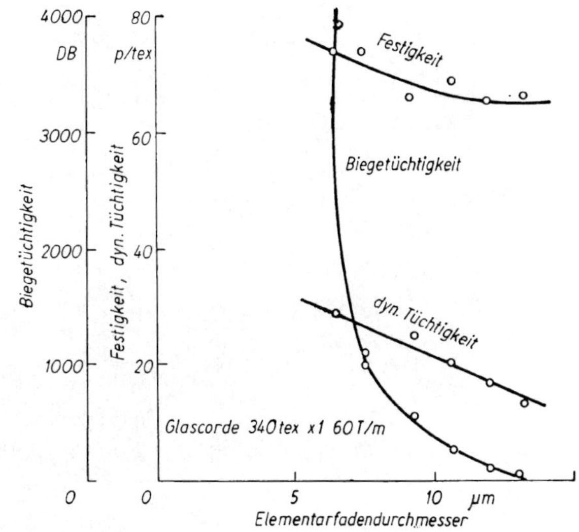

Bild 5. Festigkeit, Biegetüchtigkeit (Zahl der DB bis zu Bruch) und dyn. Tüchtigkeit (Restfestigkeit nach $256 \cdot 10^3$ LW im Stauchvibrator) des Glascordes in Abhängigkeit von der Elementarfadenfeinheit

Sehr bemerkenswert ist die durch die Verbundbildung bewirkte Festigkeitssteigerung des Fadens auf das Doppelte. Hierin kommt die mangelhafte Substanzfestigkeitsausnutzung der Elementarfäden im nur schlichtebehandelten Spinnfaden zum Ausdruck, und die Möglichkeit zur erheblich besseren Rohstoffausnutzung durch Verbundbildung wird augenfällig. Auf die dynamische Tüchtigkeit übt der Elementarfadendurchmesser einen wesentlich größeren Einfluß aus (Bild 5). Sie wurde nach der von *Friedemann* [4] angegebenen Methode, deren Anwendung für organische Corde in der Industrie üblich ist und die sich auch für den Glascord als die bislang zweckmäßigste erwies, ermittelt.[2]) Der Wert gibt die absolute Restfestigkeit nach 256000 Belastungszyklen im Stauchvibrator (Frequenz 29,4 Hz, Stauchung 16,7%) an, die sich als günstigste Vergleichsbasis für verschiedene Cordtypen und -Provenienzen erwiesen hat. Die Restfestigkeit verbessert sich bei einer Durchmesserabnahme von 9 auf 6,5 µm beachtlich, und zwar um etwa 25%.

Hier besteht eine — allerdings mit erhöhten Kosten verbundene — Möglichkeit zur Steigerung der dynamischen Tüchtigkeit gegenüber dem derzeitigen Stand der ausländischen Glascordproduktion, die auf einem Elementarfadendurchmesser von 9 µm basiert.

Im Vergleich zur dynamischen Tüchtigkeit zeigt die am nicht einvulkanisierten Cord ermittelte Biegetüchtigkeit, gemessen an der Zahl der Biegezyklen bis zum Bruch (Dauerbiegeprüfer DP 5/3; Biegewinkel $2 \times 60°$, Belastung 200 p/Faden) einen erheblich stärkeren Anstieg; die Zyklenzahl erhöhte sich bei einer Durchmesserabnahme von 9 auf 6,5 µm auf das 6,5fache. Hieraus geht hervor, daß die Ergebnisse der Dauerbiegeprüfung Unterschiede der im Finalverbund zu erwartenden dynamischen Tüchtigkeit stark überbewerten und als Kriterium für das tatsächliche Gebrauchsverhalten des Cordes — auch schon auf Grund der von realen Verhältnissen stark abweichenden Prüfbedingungen — nicht geeignet sind oder zumindest nicht ausreichen.

[2]) Für die Ermittlung der in dieser Arbeit verwendeten Stauchvibrator-Werte danken wir Herrn Dipl.-Ing. *K.-P. Mieck* vom VEB Chemiefaserkombinat „Wilhelm Pieck", Rudolstadt-Schwarza, Werk Schwarza.

In diesem Zusammenhang sei darauf hingewiesen, daß das Ermüdungsverhalten zweckmäßigerweise am einvulkanisierten Cord nach einer Methode ermittelt werden sollte, die sich an die von *Wöhler* für metallische Werkstoffe eingeführte anlehnt. Zyklische Beanspruchung mit gestuften Lasten zur Ermittlung der *Wöhler*schen Dauerfestigkeit ist im textilen Bereich bislang nicht üblich, dürfte jedoch auch hier prinzipiell möglich sein und zu weiterreichenden Aussagen führen als die bislang üblichen Restfestigkeiten oder Bruchzyklenzahlen.

2.3. Einfluß der Spinnfadenfeinheit

Auf der vorangestellten Übersicht (Bild 3) war u. a. die Spinnfadenfeinheit als Einflußgröße auf die dynamische Tüchtigkeit deshalb angegeben worden, weil sie bei konstanter Feinheit des Cordes die Zahl der einzeln das Imprägnierbad durchlaufenden Spinnfäden bestimmt. Wir hatten auf Querschnittsbildern von Corden (Bild 6) eine gewisse Gruppierung der Elementarfäden beobachten können, die der Zahl der Spinnfäden entsprach; wenngleich diese im Verlauf des Imprägnierprozesses innig miteinander verkleben, bildet die Zwischenmatrix *zwischen* den Spinnfäden eine vollkommenere Separationsschicht als zwischen den Elementarfäden *innerhalb* der Spinnfäden. Es war also zu vermuten, daß mit zunehmender Spinnfadenzahl und der damit vergrößerten spezifischen Spinnfadenoberfläche die Güte der Separation innerhalb des Cordes und damit die dynamische Tüchtigkeit steigen mußte. Diesen Effekt konnten wir tatsächlich nachweisen (Bild 7): Bei einer Verringerung der Spinnfadenfeinheit von 68 auf 17 tex bei konstanter Gesamtfeinheit stieg die dynamische Tüchtigkeit um etwa 30%.

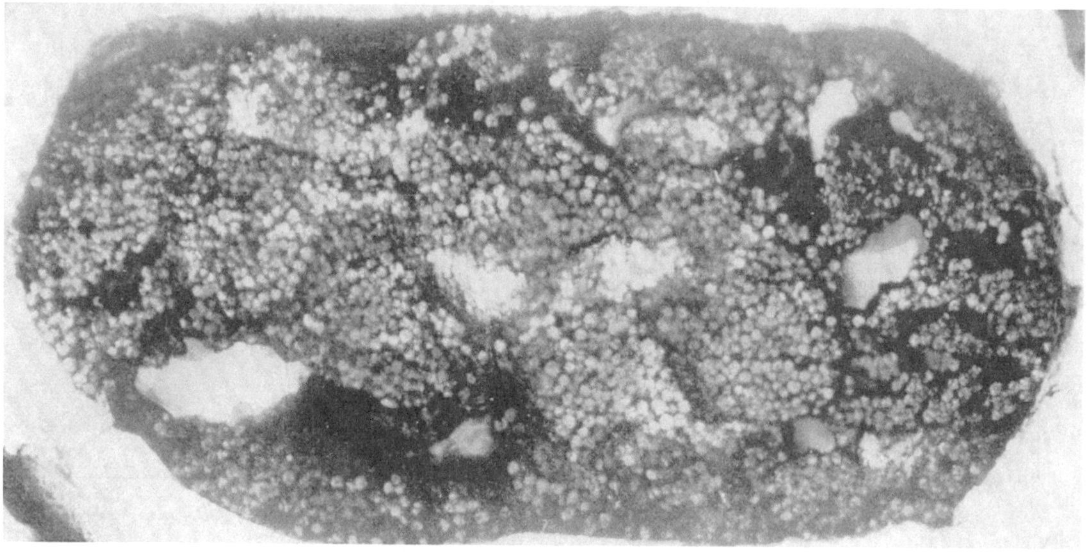

Bild 6. Querschnittsaufnahme von Glascord (Vergr. 1:180)

Die Abnahme der Biegetüchtigkeit (Zahl der Dauerbiegungen) bei zunehmender dynamischer Tüchtigkeit (Zahl der Stauchzyklen am einvulkanisierten Cord) verdeutlicht das soeben Gesagte über die Aussagekraft der Dauerbiege-Ergebnisse. Der zu beobachtende Festigkeitsabfall dürfte auf ein infolge der Fadenaufteilung bewirktes „ungleichmäßiges Tragen" bei der Zugbeanspruchung zurückzuführen sein.

Über den Grad der „Separation", also die Güte der Einlagerung der Zwischenmatrix in die multifile Seide, gibt die Stereoscan-Aufnahme interessanten visuellen Aufschluß (Bild 8): stellenweise sind die Elementarfäden durch organische Substanz nur ungenügend voneinander separiert bzw. miteinander verbunden, stellenweise sehr gut. Ein Bereich mit guter Separation ist durch das Bild 9 charakterisiert.

2.4. *Einfluß der Spinnschlichte*

Eine Zusammenstellung von Prüfergebnissen gibt über den Einfluß der Variation von Schlichtebinder und Haftvermittler auf die Festigkeit und Haftung am Elastomeren Auskunft (Tabelle 2). Man erkennt, daß die Organosiliciumverbindungen, die üblicherweise als Haftvermittler für die Plastverstärkung eingesetzt

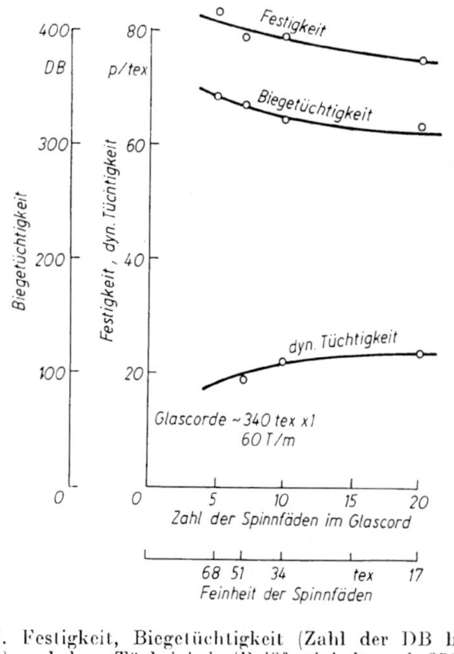

Bild 7. Festigkeit, Biegetüchtigkeit (Zahl der DB bis zu Bruch) und dyn. Tüchtigkeit (Reißfestigkeit nach $256 \cdot 10^3$ LW) des Glascordes in Abhängigkeit von der Spinnfadenfeinheit

Bild 8. Stereoscan-Aufnahme eines Glascord-Bruchendes (Vergr. 1:240)
Aufnahme: Institut für angewandte Mikroskopie, Fotographie und Kinematographie, Karlsruhe-Waldstadt)

Tabelle 2. Einfluß wesentlicher Schlichtebestandteile auf Festigkeit und Haftung des unimprägnierten Fadens am Elastomeren (Gummimischung für Keilriemen) Fadenfeinheit 153 tex × 1, 138 T/m

Binder	Haftmittel	Festigkeit p/tex	Haftung Ausreißkraft in kp/cm Fadenlänge
I	—	38	5,5
	VAS	25	6,2
	VTAS	28	6,2
	γ-DAPT	51	7,0
	RF	40	6,0
II	—	41	5,3
	γ-DAPT	46	6,2
	RF	53	6,3
III	—	41	5,9
	γ-DAPT	41	8,1
	RF	45	7,2

VAS = Vinyltriäthoxisilan
VTAS = Vinyltriacetoxisilan
γ-DAPT = γ-Diaminopropyltriäthoxysilan
RF = Resorcin/Formaldehydharz-Lösung (Molverh. 1:2)

werden, auch in diesem Falle eine mehr oder weniger ausgeprägte Haftvermittlung erbringen. Dieses gilt auch für das Resorcin/Formaldehyd-Harz, das üblicherweise nur als Hartvermittler zwischen organischen Corden und Gummi eingesetzt wird. Auffallend ist auch der starke Einfluß der Haftvermittler auf die

Tabelle 3. Haftmitteleinfluß auf die Festigkeit des Spinnfadens und die Festigkeit sowie Haftung des Cordes (340 tex × 1, 60 T/m)

Binder	Haftmittel	Festigkeit d. Spinnfadens p/tex	Festigkeit des Cordes p/tex	Haftung (H-Test) kp/cm
—	γ-DAPT	43	67	13
II	γ-DAPT	46	74	12
III	γ-DAPT + RF	41	73	13

Festigkeit des Fadens, was u. a. auf eine Beeinflussung der Bindereigenschaften zurückzuführen ist. Insbesondere gilt dies für den Binder I.

Das in den Versuchen erzielte Maximum der Haftfestigkeit resultiert aus einer optimalen Kombination zwischen Binder und Haftvermittler und liegt mit etwa 50% beachtlich über dem Minimum. Es wurde mit dem Haftvermittler Aminosilan und einem Binder erzielt, der in der Lage ist, in den Gummi einzuvulkanisieren. Mit Aminosilan konnten, wie aus einer kürzlichen Mitteilung hervorgeht [5], auch an anderer Stelle die günstigsten Ergebnisse erzielt werden. Mit Haftmittelkombinationen, z. B. Aminosilan mit Resorcin/Formaldehyd, waren in weitergehenden Versuchen praktisch keine weiteren Werteverbesserungen möglich, wie aus einer auszugsweisen Gegenüberstellung hervorgeht (Tabelle 3).

Hier resultieren die Haftwerte aus dem am imprägnierten Faden (Glascord) durchgeführten, standardisierten „H-Test" [6].

Bild 9. Querschnittsbereich eines Glascordes mit guter Elementarfaden-Separation (Vergr. 1:400)
(Aufnahme: Institut für Technologie der Fasern der AdW, Dresden)

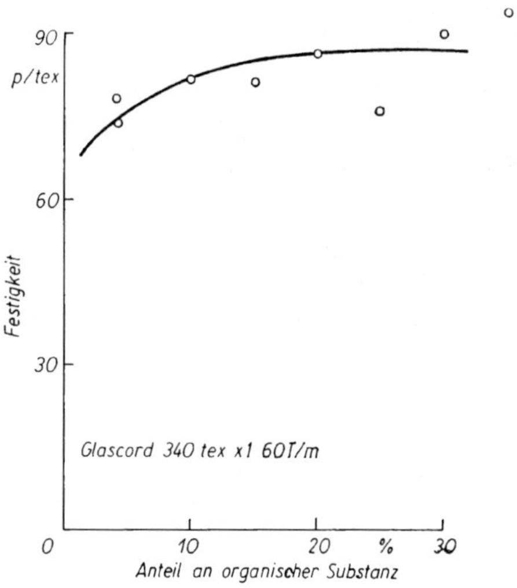

Bild 10. Einfluß des Anteiles an organischer Substanz auf die Glascordfestigkeit

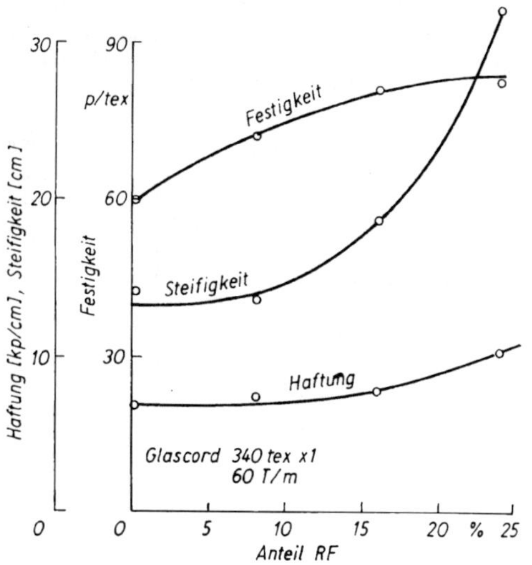

Bild 11. Einfluß des Anteiles an Resorcin/Formaldehyd-Harz an der organischen Komponente auf statische Glascordeigenschaften

Bei den Ausreißversuchen des Hafttestes konnte auch beobachtet werden, daß der Scherbruch im Falle geeigneter Rezepturen *nicht* im Bereich der Grenzfläche Glasoberfläche/Zwischenmatrix, sondern in der Regel innerhalb der *Final-Verbundmatrix* lag, also auch außerhalb der Grenzfläche Zwischenmatrix/Finalverbundmatrix.

2.5. *Einfluß der Imprägnierung*

Dem Imprägnierprozeß lagen Rezepturen zugrunde, die im wesentlichen aus den für die Imprägnierung organischer Corde üblichen Resorcin/Formaldehyd-Latices abgeleitet wurden[3]). Es galt hier allerdings, wesentlich höhere Anteile an organischer Substanz in den Faden einzulagern, um die gewünschte Zwischenmatrix aufzubauen. Bild 10 gibt Auskunft über den Einfluß des Anteils an organischer Substanz auf die Zugfestigkeit des Cordes und läßt erkennen, daß nur bis zu einem Anteil von etwa 15% ein nennenswerter Festigkeitsanstieg erfolgt.

In der Imprägnierzusammensetzung interessierte insbesondere die Auswirkung des Anteils des als Haftvermittler eingesetzten Resorcin/Formaldehyd-Harzes an der organischen Komponente des Cordes auf verschiedene Cordeigenschaften. Es zeigt sich, daß nicht nur die Haftung, sondern auch die Festigkeit und Steifigkeit mit zunehmendem RF-Anteil steigen (Bild 11), und zwar die Haftung wie die Festigkeit bis zu einem Anteil von 25% auf das 1,4fache, die an der Durchbiegung[4]) indirekt gemessene Steifigkeit auf mehr als das Doppelte.

Bezüglich der dynamischen Cordeigenschaften existiert ein Optimum (Bild 12).

Offenbar führt die auch in der wachsenden Versteifung des Cordes zum Ausdruck gekommene und hier auch an der Kurve für die Schlingenfestigkeit erkennbare zu straffe Bindung der Elementarfäden aneinander durch einen zu großen Harzanteil zur Versprödung des Cordes und damit zum Rückgang der dynamischen Belastbarkeit bei höheren RF-Anteilen.

Es sei abschließend zu diesem Komplex bemerkt, daß die Optimierung des RF-Anteiles wie auch anderer technologischer Einflußgrößen nicht nur von derartigen Prüfwerten physikalischer Eigenschaften abhängig gemacht werden kann, da eine ganze Reihe verarbeitungstechnischer Eigenschaften und Probleme (beispielsweise ist die Eigenklebrigkeit zu nennen) zusätzlich eine Rolle spielen.

2.6. *Einfluß der Drehung*

Die Cordherstellung beinhaltet im allgemeinen mehr oder weniger komplizierte Zwirnoperationen, um das Verhältnis von statischer Festigkeit zur Ermüdungs-

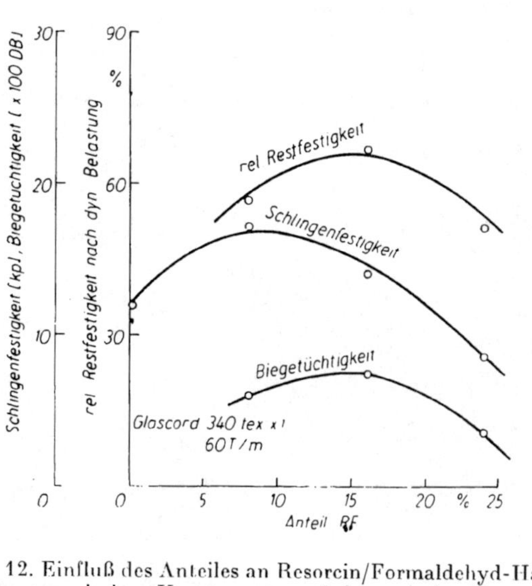

Bild 12. Einfluß des Anteiles an Resorcin/Formaldehyd-Harz an der organischen Komponente auf dynamische Glascordeigenschaften

[3]) Für die Unterstützung unserer Arbeiten sei auch an dieser Stelle Herrn Dipl.-chem. *Preibisch* vom VEB Reifenkombinat Fürstenwalde gedankt.

[4]) Die Methode entspricht derjenigen für die Prüfung an Glasseiden-Rovings [7].

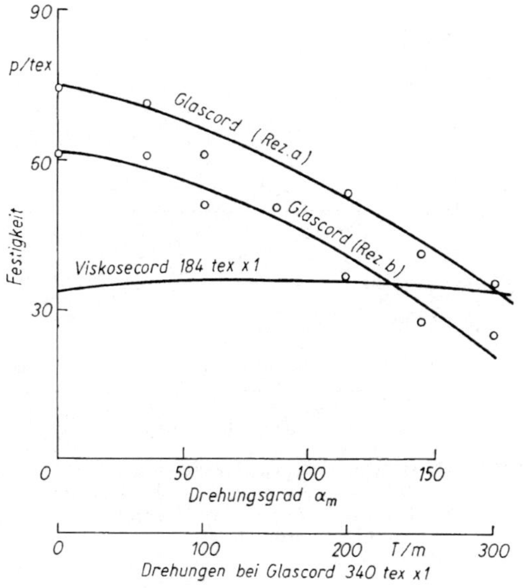

Bild 13. Abhängigkeit der Festigkeit von den Cord-(Vor-)-Drehungen bei Glas- und Viskosecord

beständigkeit zu optimieren. Die enorme Drehungsempfindlichkeit eines Glascordes im Vergleich zu einem Viscosecord geht aus dem Bild 13 hervor. (Die Kurve für den Viskosecord wurde aus einer Arbeit von *Mieck* und *Stöver* [8] abgeleitet.) Innerhalb des Drehungsbereiches, in dem Viskosecord-Vorzwirn praktisch noch keinen Festigkeitsabfall erleidet, treten bei Glascord Festigkeitseinbußen um 50 und mehr Prozent ein.

Daß der Festigkeitsabfall auf die Oberflächenempfindlichkeit der Glasseide zurückzuführen ist, geht aus dem unterschiedlichen Einfluß verschiedener Imprägnierrezepturen (vgl. obere und untere Kurve) hervor. Mit zunehmendem Drehungsgrad wird die Differenz zwischen beiden Cordtypen relativ größer und erreicht am Ende des untersuchten Drehungsbereiches einen Betrag von 40%.

Hieraus wird die ausschlaggebende Bedeutung der Zwischenmatrix für die Cordeigenschaften deutlich und andererseits ein Weg für eine stark differenzierende Bewertungsmethode aufgezeigt.

Auf Grund des gezeigten Diagrammes ergibt sich aus der Drehungserteilung grundsätzlich ein Nachteil für

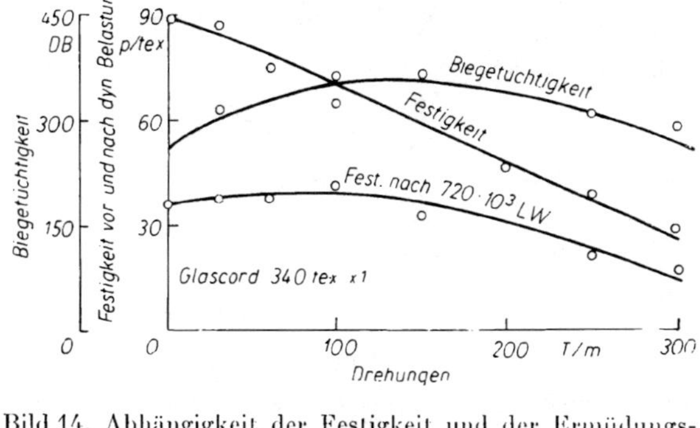

Bild 14. Abhängigkeit der Festigkeit und der Ermüdungsbeständigkeit bei Glascord von der Drehungshöhe

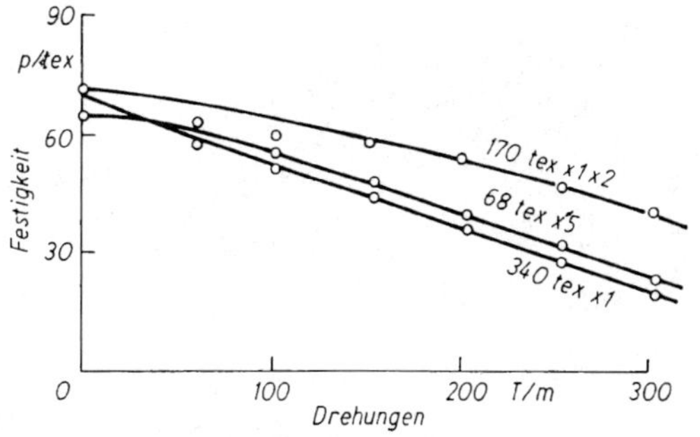

Bild 15. Abhängigkeit der Festigkeit des Glascordes von Fachung und Verzwirnung bei konstanter Gesamtfeinheit

die statische Festigkeit, jedoch wird, wie sich anhand der Festigkeit nach dynamischer Belastung und der Dauerbiegebeständigkeit zeigt, die Ermüdungsbeständigkeit innerhalb gewisser Grenzen geringfügig erhöht (Bild 14).

Es handelt sich hier um einstufig gedrehte Fäden, also Vorzwirne, die im Gegensatz zum Glascord bei organischen Corden nicht üblich sind. Die Verzwirnung zweier oder mehrerer Fäden in Gegenrichtung führt zum drehungsstabilen Cordzwirn, in dem die beiden Zwirnkomponenten umeinander gewendelt sind. Hieraus resultieren günstigere Druckspannungsverhältnisse innerhalb des gesamten Fadenverbandes und somit eine Verringerung des drehungsbedingten Festigkeitsabfalles. Dies geht aus einem Vergleich der oberen Kurve mit den beiden unteren des Diagramms auf dem Bild 15 hervor.

Demgegenüber erbringt ein getrenntes Verarbeiten von Teilfäden und anschließend einstufiges Verzwirnen kaum einen Festigkeitsgewinn, wie ein Vergleich der beiden unteren Kurven zeigt.

Selbstverständlich ist eine getrennte Verarbeitung von Teilfäden mit erhöhten Kosten verbunden, und man macht deshalb bei Glascord in der Regel von der Anwendung zweistufigen Zwirns nur bei dickeren Gesamtfäden Gebrauch. Hierbei erhebt sich dann zusätzlich zur Frage der Drehungshöhe die Frage nach dem Verhältnis der gegensinnigen Nach- zur Vordrehung.

Allgemein werden heute bei organischen Corden die Nachdrehungen gleich den Vordrehungen gewählt, jedoch resultieren bei Glascord hieraus geringfügig drehungsinstabile Corde mit einer Rückdrehtendenz. Wir haben deshalb zusätzlich drehungs*stabile* Corde am Beispiel der Konstruktion 340 tex $\times$ 1 $\times$ 3 untersucht (oberste Kurve auf dem Diagramm Bild 16) und festgestellt, daß diese gegenüber den drehungs*gleichen* bemerkenswert (um 10 bis 20%) höhere Festigkeiten aufweisen. Deutlich ist auch wieder die Festigkeitseinbuße bei dem nicht durch Rückdrehung von zusätzlicher Torsionsbelastung befreiten nur einstufig gedrehten Cord erkennbar.

Zum Vergleich ist in das Diagramm die Festigkeitskurve für einen Viskosecord (abgeleitet wieder aus der zit. Arbeit von *Mieck* und *Stöver* [8]) mit Drehungsgleichheit zwischen Nach- und Vordrehung eingetragen. Sie zeigt einen vergleichsweise sehr geringen Festigkeits-

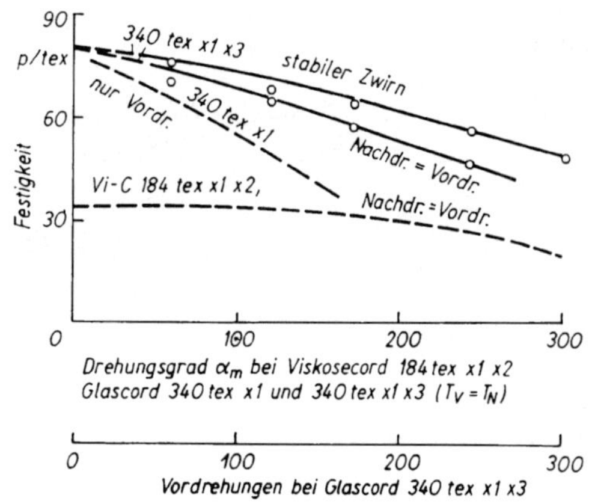

Bild 16. Festigkeiten verschiedener Drehungsvarianten bei Glas- und Viskosecord in Abhängigkeit vom Drehungsgrad und bei Glascord 340 tex × 1 × 3 von den Cordvordrehungen

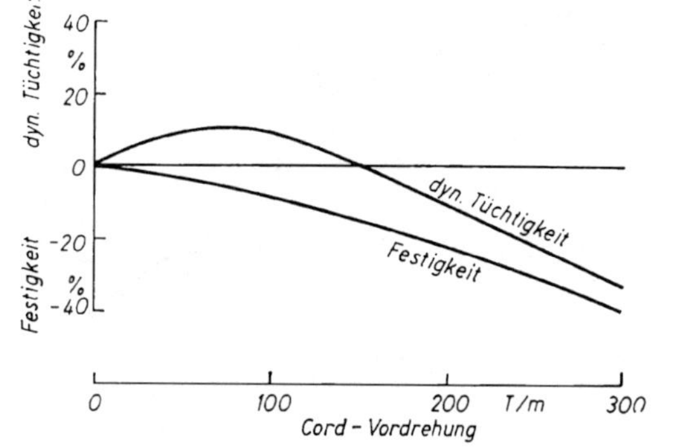

Bild 18. Relative Änderungen der Festigkeit und der dyn. Tüchtigkeit (Restfestigkeit nach $256 \cdot 10^3$ LW im Stauchvibrator) in Abhängigkeit von der Vordrehung bei einem stabilen Cord 340 tex × 1 × 3

abfall im Bereich beachtlicher Festigkeitsabfälle beim Glascord, liegt aber auch dort noch erheblich unter den Glascordwerten.

Natürlich interessierte auch die dynamische Tüchtigkeit zweistufiger Corde in Abhängigkeit vom Drehungsgrad. Wie schon beim einstufigen Cord zeigt sich hier ebenfalls ein — wenn auch wenig ausgeprägtes — Maximum der Restfestigkeit nach Belastung im Stauchvibrator (Bild 17). Während bei Drehungs*gleichheit* zwischen Nach- und Vordrehung wie beim einstufigen Zwirn nur ein starker Festigkeits*abfall* zu verzeichnen ist — dargestellt durch den bei 100 T/m eingetragenen Meßwert — ergibt sich bei *stabilen* Zwirnen ein Festigkeits*anstieg* bis zu einem Maximum bei etwa 100 T/m.

Der in niederen Drehungsbereichen demzufolge möglichen Erhöhung der dynamischen Tüchtigkeit steht allerdings der bereits dargestellte Abfall der statischen Festigkeit gegenüber. Wir haben beide Änderungen in relativen Einheiten, bezogen auf die Werte bei Null Drehungen, gegenübergestellt (Bild 18). Für das erwähnte Optimierungsproblem besteht demnach nur relativ geringer Spielraum: Einer maximalen Erhöhung der dynamischen Tüchtigkeit um 10% steht bei der entsprechenden Drehungszahl bereits eine fast gleichhohe Einbuße an statischer Festigkeit gegenüber.

Dieses Gesamtverhalten der Drehungsbeeinflussung unterscheidet sich also völlig von dem organischer Corde. So konnten *Mieck* und *Stöver* an Viskosecorden eine sehr starke Zunahme der dynamischen Tüchtigkeit mit steigender Nachzwirndrehung bis zu einem Maximum bei relativ hoher Drehungszahl (es lag bei $\alpha_m = 250$, also rd. 420 T/m bei 184 tex × 1 × 2) feststellen, und die Zunahme war in einem weiten Bereich *unabhängig* von der Zahl der Vorzwirndrehungen, also auch vom Verhältnis der Nach- zur Vorzwirndrehung [8].

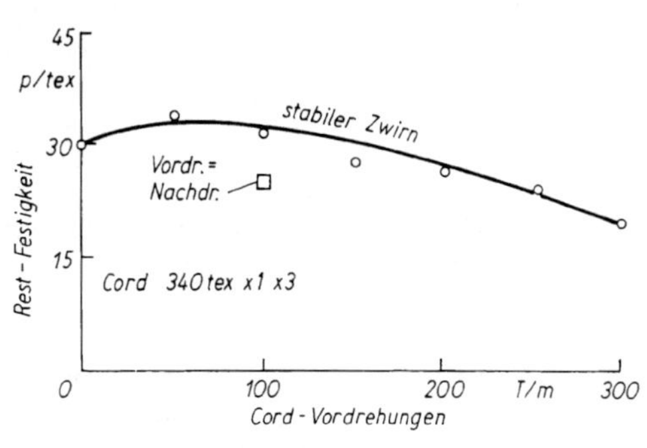

Bild 17. Dynamische Tüchtigkeit dreifacher Glascorde in Abhängigkeit von der Cord-Vordrehung (Restfestigkeit nach $256 \cdot 10^3$ LW)

2.7. *Vergleich unterschiedlicher Glascordtypen mit Viskosecord*

Anhand zur Verfügung stehender Glascordmuster von Handelsprodukten und auch von zwei eigenen unterschiedlich vorbehandelten Laborproben (mit ITF 79 und ITF 116 bezeichnet) sollte die Streubreite der insbesondere interessierenden dynamischen Tüchtigkeit

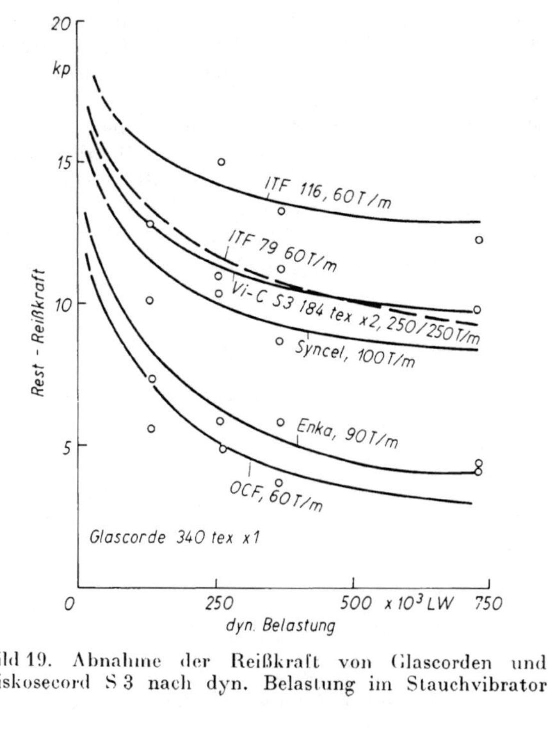

Bild 19. Abnahme der Reißkraft von Glascorden und Viskosecord S 3 nach dyn. Belastung im Stauchvibrator

unterschiedlicher Glascorde ermittelt und zugleich mit der dynamischen Tüchtigkeit eines speziellen Viskosecordes für den Einsatz im Reifengürtel (Super 3 mit nur 250 T/m) verglichen werden (Bild 19). Die mit steigender Zyklenzahl im Stauchvibrator abnehmende Restfestigkeit läßt sehr große Unterschiede zwischen den einzelnen Cordtypen erkennen. Bedeutsam ist, daß die dynamischen Eigenschaften des Viskosecordes Super 3 die der geeigneten Glascorde nicht übertreffen. Während die massebezogene Festigkeit des Viskosecordes nach $500 \cdot 10^3$ Lastwechseln noch 27 p/tex betrug, lag der beste Wert unter den untersuchten Glascorden mit 38 p/tex sogar beachtlich höher.

3. *Zusammenfassung und Ausblick*

Ausgehend von einer allgemeinen Charakterisierung der Glasseidenverbundfäden als besondere Kategorie von Verbunden, von der insbesondere Flexibilität und dynamische Tüchtigkeit gefordert wird, versuchten wir, die sehr komplexe Problematik der Eigenschaftsgestaltung derartiger Verbundfäden am Beispiel des Glascordes aufzuzeigen. Dieser stellt heute den bedeutendsten Glasseidenverbundfaden dar und hat in den USA bereits ein Einsatzvolumen von etwa 10% der gesamten Glasseidenproduktion erreicht.

Wir mußten auf die besondere Bedeutung der optimalen Gestaltung einer Zwischenmatrix zwischen Glasfaden und zu verstärkendem Elastomeren hinweisen und konnten zeigen, daß insbesondere durch günstige Grenzflächenausbildung sehr beachtliche Eigenschaftssteigerungen möglich sind.

Die beim Einsatz des Glascordes als Festigkeitsträger im Reifen geforderte hohe dynamische Tüchtigkeit bleibt im Gegensatz zur geforderten Haftfestigkeit unter den mit aus organischen Synthesefaserstoffen erreichten Werten und wird durch Zwirndrehungen im Gegensatz zu organischen Corden kaum positiv beeinflußt, jedoch treten starke Einbußen an statischer Festigkeit ein. Dieses Verhalten unterliegt wiederum Einflüssen seitens der Zwischenmatrix.

Ein Vergleich verschiedener Glascorde mit einem speziellen Viskosecord für den Reifengürtel läßt erkennen, daß mit Glascord mindestens gleich gute dynamische Eigenschaften erreichbar sind.

Neben dem Cord als Elastomeren/Glasseide-Verbund sind bei der Entwicklung auch Glasseidenverbundfäden mit anders gearteten Polymer-Zwischenmatrices für die Verwendung anstelle hochfester organischer Fäden zu beachten. Daß sich auch in dieser Richtung günstige Möglichkeiten abzeichnen, zeigten die Ergebnisse von Tastversuchen, bei denen wir Festigkeiten von bis zu 100 p/tex erzielen konnten, die diejenigen der hochfesten Polyamid- und Polyesterseiden somit wesentlich übersteigen.

Unseren Mitarbeitern Herrn *Gockel*, Herrn *Israel*, Frau *Israel* und Frau *Zetzsche* sagen wir für die sorgfältige Durchführung der technischen Arbeiten und der Prüfungen herzlichen Dank.

Literatur

[1] *Loewenstein, K. L.*: The Manufacturing Technology of Continous Glass Fibres. Amsterdam/London/New York 1973.
[2] Glasfaserstoff für Reifencord. Textile World **120** (1970) 12, S. 52—53.
[3] *Lachut, F.*: Entwicklungen führen zu Ganzglas-Radialreifen. Rubber World **166** (1972) 2, S. 29—32, 61.
[4] *Friedemann, W.*: Eine einfache Methode zur Stauchbeanspruchung von Cordzwirnen. Faserforsch. u. Textiltechnik **9**, (1958) 8, S. 334—337.
[5] *Voroncova, I. A.*, *Sutyrina, G. A.*, *Telsov, V. A.*, und *Usina, R. V.*: Über die Eigenschaften von Glascord. Kaučuk i Rezina, Moskva **32** (1973) 4, S. 33—35.
[6] TGL 104-28: Prüfung der Haftfestigkeit Kord—Gummi. H-Test. Dezember 1972.
[7] In Anlehnung an DIN 52316: Bestimmung der Steifheit von Glasseidenrovings. Mai 1969.
[8] *Mieck, K.-P.*, und *Stöver, H.*: Zur Untersuchung des Einflusses der Drehungen auf die Gebrauchseigenschaften von Reifencord. Faserforsch. u. Textiltechnik **12** (1961) 7, S. 331—343.

Eingegangen am 15. März 1974

Beitrag zur Problematik der Anschwemmfiltration von Viskose

Wolfgang Berndt, Alois Hynek und Zdenko Blače, Spolana, n.p., Neratovice/ČSSR

DK 677.463.021.124.3:678.743.22—492.2:541.182.021

Es wird eine Versuchseinrichtung zur Anschwemmfiltration von Viskose beschrieben, die es ermöglicht, nebeneinander Filtrationen unter drei verschiedenen Versuchsbedingungen durchzuführen. Mit dieser Einrichtung wurde untersucht, wie sich das Mischen von groben und feinen PVC-Pulvern sowie die Teilchenform des Pulvers und die Filtrationsgeschwindigkeit auf die Standzeit des Filters und den Reinheitsgrad des Filtrats auswirken.

К проблематике фильтрации вискозы на намывных фильтрах

Описано устройство для фильтрации вискозы путем намывки, позволяющее провести этот процесс по трем вариантам. Изучено влияние дисперсности порошков ПВХ и формы частиц, а также скорости фильтрации на срок службы фильтра и чистоту вискозы.

The Problems of Pre-coat Filtration of Viscose

An experimental device for the pre-coat filtration of viscose is described, which allows to perform simultaneously three filtration experiments under different conditions. The effects of mixing coarse and fine polyvinylchloride powder, particle shape of powder and filtration rate on the working time of the filter and the purity of the filtrate was investigated.

1. *Einleitung*

Die Anschwemmfiltration mit PVC-Pulver als Filterhilfsmittel wird heute bereits in großem Umfange zur Reinigung von Viskose angewendet. Obwohl das Verfahren schon über zehn Jahre betrieblich ausgenützt wird, wurde in der Fachliteratur darüber bisher nur sehr wenig veröffentlicht. Das bedeutet jedoch auf keinen Fall, daß es auf dem Gebiete der Anschwemmfiltration von Viskose keine technischen und ökonomischen Probleme gibt.

Die Rentabilität der Anschwemmfiltration hängt hauptsächlich von der Viskosemenge ab, die im Laufe eines Arbeitszyklus als Filtrat anfällt. Es scheint, daß die Dauer eines Arbeitszyklus aus ökonomischen Gründen nicht unter 20 h sinken sollte. Anderseits zeigte sich aber wieder, daß sich gerade diese Forderung bei Viskosen von Reinheitsgraden, wie sie bei der Herstellung gewöhnlicher Zellwolletypen üblich sind, manchmal kaum erfüllen läßt.

In unserer Arbeit haben wir untersucht, inwieweit die Dauer des Arbeitszyklus, oder besser gesagt die Standzeit des Filters, durch die Eigenschaften des verwendeten PVC-Pulvers beeinflußt werden kann. Weiter untersuchten wir den Einfluß der Filtrationsgeschwindigkeit auf den Reinheitsgrad des Filtrats und auf die in einem Arbeitszyklus durchfiltrierte Viskosemenge. Die Kenntnis dieser Beziehungen ist besonders bei der Einführung der Anschwemmfiltration wichtig, denn die Filtrationsgeschwindigkeit hängt direkt mit der Anzahl der Filter, d. h. der Größe der Filterfläche, zusammen, die zur Sicherstellung der gewünschten Leistung der Filterstation notwendig ist.

2. *Versuchsmethodik*

2.1. *Beschreibung der Versuchseinrichtung*

Beim Entwurf der Versuchseinrichtung für die Anschwemmfiltration wurde davon ausgegangen, daß es notwendig sein wird, Viskose nebeneinander unter verschiedenen Bedingungen zu filtrieren, z. B. mit verschiedenen Pulvern, unterschiedlichen Pulvermengen, bei verschiedenen Filtrationsgeschwindigkeiten usw. Wir entschieden uns deshalb für die Einrichtung mit drei nebeneinanderliegenden Filtern, so wie sie in Bild 1 schematisch dargestellt ist. Sie besteht aus drei Filtern A, aus sechs 2,5-l-Vorratsbehältern für Viskose B, von denen immer zwei zu einem Filter gehören, aus drei Zahnraddosierpumpen C, von denen jede eine Leistung von 0,6 ml Viskose pro Umdrehung hat, aus der Welle D mit drei Zahnrädern gleicher Größe zur Filtration bei gleicher Filtrationsgeschwindigkeit und aus der Welle E mit Zahnrädern unterschiedlicher Größe zum Vergleich des Filtrationsablaufes bei verschiedenen Filtrationsgeschwindigkeiten. Die unterschiedlich bemessenen Zahnräder der Welle E ermöglichen es, auf den drei Filtern nebeneinander mit verschiedenen Filtrationsgeschwindigkeiten zu arbeiten, wobei das Geschwindigkeitsverhältnis $R_1:R_2:R_3 = 1{,}00:1{,}34:1{,}93$ ist. Die Wellen werden von einem 0,6-kW-Elektromotor H über ein stufenlos regelbares Kettengetriebe G und die Riemenscheiben F angetrieben. Die Zahnräder der Pumpen C können entweder in die entsprechenden Zahnräder der Welle D oder der Welle E gedrückt werden.

Der Aufbau des eigentlichen Filters ist in Bild 2 schematisch dargestellt. Das Gehäuse a des Filters besteht aus einem 35 mm hohen Stahlrohr von 67 mm lichter Weite und 9 mm Wandstärke, das oben durch einen angeschweißten kegelförmigen Deckel abgeschlossen ist. Durch diesen Deckel führt ein Rohr b mit angeschraubtem Manometer c, das einen Meßbereich von 0 bis 10 at hat, und weiter ist hier auch das Viskosezuflußrohr d angeschweißt, das eine lichte Weite von 25 mm hat und 80 mm lang ist. Diese Abmessungen wurden deshalb gewählt, weil sich bei einer Zuführung der Viskose durch ein engeres, bis zur Gehäusewand reichendes Rohr, infolge der sich zu stark bemerkbar machenden Viskoseströmung, das PVC-Pulver bei der Primäranschwemmung nicht gleichmäßig genug anschwemmen ließ. Das Zuflußrohr d ist oben mit einem Entlüftungsloch e versehen, das während der Filtration durch eine Schraube mit Dichtungsring verschlossen wird. Zum Gehäuse gehört ein abnehmbarer konischer Unterteil f, in den auf einen Gummidichtungsring eine runde Stahlstützplatte g vom Durch-

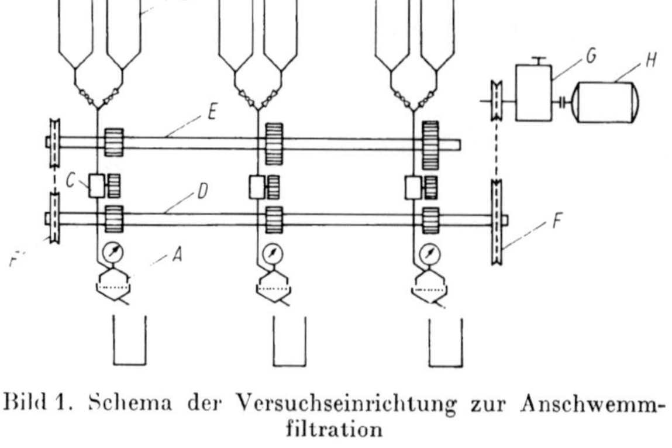

Bild 1. Schema der Versuchseinrichtung zur Anschwemmfiltration

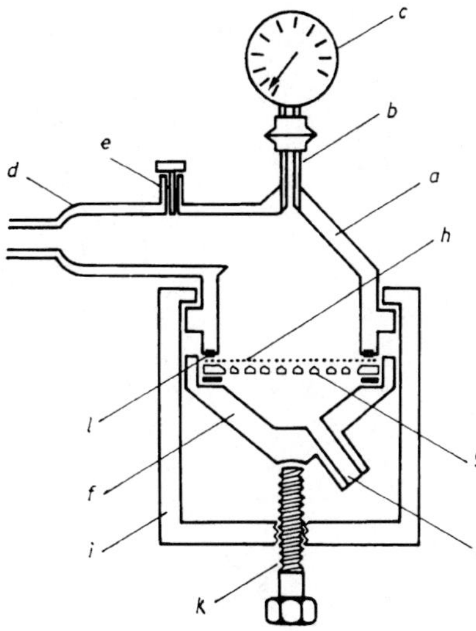

Bild 2. Der Filter

messer 84 mm gelegt wird. Diese Platte ist mit kreisförmigen Rillen versehen, die durch scharfe Kanten voneinander abgetrennt sind. Auf diesen Kanten liegt ein Metallsieb h von Durchmesser 76 mm aus Tressengewebe von Neustadt — Orla/Nr. 26 glatt, 0,25/255 µm/. In den Boden der Rillen sind insgesamt 67 Löcher vom Durchmesser 3 mm gebohrt, so daß für einen genügend schnellen Abfluß der Viskose aus den Rillen unter dem Sieb gesorgt ist und die Stützplatte keinen Einfluß auf den Widerstand des eigentlichen Filterkuchens hat. Der Unterteil mit der Stützplatte und dem Sieb wird mit dem Bügel i am Gehäuse befestigt und mit der Schraube k festgezogen. Zwischen dem Gehäuse und der Stützplatte mit dem Sieb befindet sich noch die Gummidichtung l. Die filtrierte Viskose verläßt den als Abflußtrichter ausgebildeten Unterteil durch das Abflußrohr m. Die Filterfläche des Filters nach der Primäranschwemmung beträgt 35,15 cm^2.

Eine Gesamtansicht der Versuchseinrichtung zeigt Bild 3.

2.2. *Durchführung der Versuchsfiltration*

Zu den Versuchen wurde unfiltrierte Betriebsviskose verwendet, die 8% α-Cellulose und 6% NaOH enthielt.

Zuerst wird die sogenannte Primärschicht angeschwemmt. Die zum Aufbau dieser Schicht bestimmte Pulvermenge wird mit einem hochtourigen Laborrührer in 1 l Viskose verrührt. Diese Viskose wird dann in einen der Vorratsbehälter gegossen und mit der Zahnradpumpe in den Filter gedrückt. In dieser Phase läuft die Pumpe mit den höchstmöglichen Umdrehungen (in unserem Falle 58 U/min). Das Entlüftungsrohr e am Zuflußrohr zum Filter ist dabei geöffnet. Sobald aus dem Entlüftungsloch Viskose heraustritt, wird es mit der Schraube verschlossen und die Umdrehungen der Pumpe werden mit Hilfe des Regelgetriebes auf 30 U/min erniedrigt. Das Filtrat wird aufgefangen und nochmals in den Vorratsbehälter zurückgegossen. Das Nachfüllen der Vorratsbehälter erfolgt immer kurz vor ihrer vollkommenen Entleerung. Dadurch wird verhindert, daß größere Luftblasen in das System eindringen. Die erste Viskose wird deshalb zurückgegossen, um auch solche Anteile des Pulvers im Kuchen festzuhalten, die eventuell im Anfangsstadium der Primäranschwemmung durch das Sieb durchdringen konnten. Kurz bevor die zurückgegossene Viskose vollkommen aus dem Vorratsbehälter gepumpt ist, wird dieser mit Viskose gefüllt, in die vorher die entsprechende, für die Sekundäranschwemmung benötigte Menge des gerade geprüften PVC-Pulvers verrührt wurde. Man wartet nun ab, bis genau 1 l Viskose durch den Filter gelaufen ist (diese Menge entspricht der zur Primäranschwemmung verwendeten Viskose) und erniedrigt danach die Umdrehungen der Pumpe so, daß es der gewünschten Filtrationsgeschwindigkeit entspricht. Bei der gegebenen Filterfläche entsprechen 10 Umdrehungen der Pumpe je min praktisch der Filtrationsgeschwindigkeit 100 l/m^2.h.

Während der Filtration wird der Druckanstieg verfolgt. Die graphisch aufgetragenen Werte zeigen, daß der Druckanstieg nach einer kurzen Anfangsperiode meist linear verläuft. Deshalb läßt sich aus Werten, die im Laufe einer 6 bis 8 h dauernden Filtration erhalten wurden, durch Extrapolieren die Zeit ermitteln, in der der Druck auf 15 at ansteigen würde. Diese als $\tau_{15\,at}$ bezeichnete Zeitspanne charakterisiert die Standzeit des Filters und wurde deshalb gewählt, weil die meisten heute in der Industrie eingesetzten Anschwemmfilter für Viskose für einen Enddruck von 15 at konstruiert sind.

Die aus dem Filter auslaufende filtrierte Viskose wird aufgefangen. Der Reinheitsgrad des Filtrats wurde bei uns durch Bestimmung der Filterwerte (Kw-Werte) nach der Fa Chem Fa-Methode [1] charakterisiert. Als Filterschicht wurden jedoch zwei Lagen Filterpapier Schleicher-Schuell Nr. 589[1] auf einer Lage Baumwollbatist verwendet, und der Kw-Wert wurde aus den Filtratmengen berechnet, die nach 60 und 100 min Filtrationszeit erhalten wurden.

Auf die gleiche Weise wurde auch der Reinheitsgrad der unfiltrierten Viskosen bestimmt.

Bild 3. Gesamtansicht der Versuchseinrichtung zur Anschwemmfiltration

3. *Die Korngrößenverteilung des Filterhilfsmittels*

Es ist bekannt, daß sich mit wachsender Korngröße des PVC-Pulvers einerseits die Standzeit des Filters verlängert, anderseits aber der Reinheitsgrad des Filtrats schlechter wird. In der Praxis gibt es jedoch keine PVC-Pulver, die nur aus Teilchen einheitlicher Größe bestehen, und oft werden sogar fein- und grobkörnige Pulver absichtlich miteinander gemischt. In allen diesen Fällen kommt es zu sehr komplizierten Verhältnissen. *Riedel, Lorenz* und *Schmidt* [2] z. B. führten Versuche mit Pulvermischungen durch, die 5 bis 25% grobes Pulver enthielten, und fanden dabei, daß sich im angeführten Bereich mit steigendem Gehalt an grobem Pulver die Standzeit des Filters verkürzt und der Reinheitsgrad des Filtrats verbessert. Leider gehen die Autoren in der Diskussion nicht näher auf dieses interessante Ergebnis ein. *Schleicher* und

Hecht [3], die ebenfalls Versuche mit Pulvermischungen durchführten, führen an, daß die Teilchenretention des Filterkuchens mit zunehmendem Anteil an feinkörnigem Pulver ansteigt. Mit dem Druckanstieg während der Filtration beschäftigten sich diese Autoren nicht und sagen nur ganz allgemein, daß der Druck bei Verwendung von Gemischen schneller ansteigt als beim Einsatz von nur grobem Pulver.

Ein allgemeingültiges Rezept für die optimale Korngrößenverteilung des PVC-Pulvers gibt es nicht, und jeder Betrieb muß für die bei ihm vorliegenden Bedingungen ein Pulver oder eine Pulvermischung suchen, die bei einem genügend großen Reinheitsgrad des Filtrats eine möglichst lange Standzeit des Filters gewährleistet. Die grundsätzliche Frage ist nun die, ob es vorteilhafter ist, das Pulver als solches zu ändern und zu einer Sorte mit anderem durchschnittlichen Teilchendurchmesser überzugehen, oder von zwei Pulvern auszugehen, einem feinen und einem groben, und diese beiden Pulver in einem geeigneten Verhältnis zu mischen. Üblicher ist der zweite Weg, den meist auch die Hersteller der Anschwemmfilter empfehlen. Für sie ist dies selbstverständlich vorteilhaft, denn sie reichen in diesem Falle mit zwei Pulversorten aus und empfehlen den einzelnen Kunden nur ein geeignetes Mischungsverhältnis.

Auf unserer Versuchseinrichtung wurden einige Versuche durchgeführt, die zur Klärung der angedeuteten Fragen beitragen können.

Aus PVC-Pulver Buna, Schkopau, S-60-fein, wurde die Fraktion mit dem Korndurchmesser 40 bis 60 µm abgetrennt und aus einem Pulver der gleichen Provenienz mit der Bezeichnung S-60-grob eine weitere Fraktion, die Teilchen vom Durchmesser 160 bis 200 µm enthielt. Diese beiden abgetrennten Fraktionen wurden in verschiedenen Masseverhältnissen gemischt, und mit diesen Mischungen sowie auch den ungemischten Fraktionen wurden entsprechende Versuchsfiltrationen durchgeführt. Verglichen wurden nebeneinander die feinkörnige Fraktion mit Gemischen, die 25% bzw. 50% der groben Fraktion enthielten, und in einer zweiten Serie, die grobe Fraktion mit Gemischen, die 25% bzw. 50% der feinkörnigen Fraktion enthielten. Beide Versuchsserien wurden einigemale wiederholt. Zur Primäranschwemmung wurde immer 7,91 g Pulver eingesetzt, was 2,25 kg Pulver pro m² Filterfläche entspricht. Für die Sekundäranschwemmung wurde je l Viskose 1,1 g des gleichen Pulvers zugegeben. Die Filtrationsgeschwindigkeit betrug 100 l/m² · h. Die verwendete unfiltrierte Betriebsviskose hatte Kw-Werte zwischen 630 und 710 und X-Viskositäten zwischen 30 und 34. Aus dem Druckanstieg während der Filtration wurde der Wert τ_{15at} extrapoliert, und außerdem wurden auch die Kw-Werte des Filtrats bestimmt.

Das Ergebnis dieser Versuche ist in Bild 4 dargestellt. Man sieht, daß in unserem Falle Zusätze von grobem Pulver bis zu 40 bis 50% die Standzeit des Filters nicht verlängern. Erst bei noch größeren Zusätzen kommt es zu einem sehr steilen Anstieg der Werte τ_{15at}. Der Reinheitsgrad des Filtrats verschlechtert sich, wie die Kw-Werte zeigen, mit steigendem Anteil an grobem Pulver erst langsam und dann, bei Zusätzen von über 50%, sehr erheblich. Die Kurven zeigen, daß das Mischen von PVC-Pulvern verschiedener

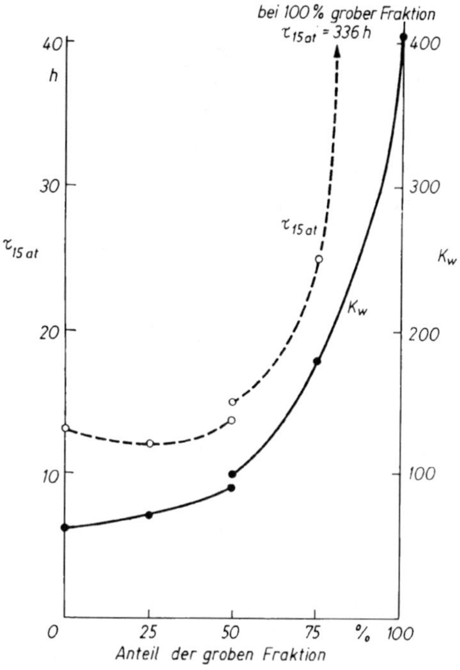

Bild 4. Abhängigkeit der Filterstandzeit und der Filtratqualität vom Mischungsverhältnis des groben und feinen Pulvers

Korngröße bei der Anschwemmfiltration der Viskose durchaus kein einfaches Problem ist. Auf jeden Fall muß man wissen, wie das gegenseitige Verhältnis des feinen und groben Pulvers die Standzeit des Filters und den Reinheitsgrad des Filtrats beeinflußt, um das Mischungsverhältnis mit Rücksicht auf diese beiden wichtigen Faktoren der Anschwemmfiltration wählen zu können. In unserem Falle z. B. hätte es keinen Zweck, zum feinkörnigen Pulver weniger als 40 bis 50% grobes Pulver zuzugeben, denn das würde nicht nur die Standzeit des Filters herabsetzen, sondern auch zu einer Verschlechterung der Filtratqualität führen. Einen Sinn hätten erst größere Zusätze, wobei allerdings die Standzeitverlängerung von einer markanten Verschlechterung der Filtratqualität begleitet ist.

Der Verlauf der beiden Kurven in Bild 4 hängt damit zusammen, daß sich mit dem Mischungsverhältnis des grob- und feinkörnigen Pulvers auch die Eigenschaften des Filterkuchens ändern. Es scheint, daß bei kleineren Zusätzen von grobem Pulver die Porosität des Kuchens kleiner wird, der durchschnittliche Durchmesser der Kapillaren im Kuchen sich dabei aber praktisch nicht ändert. Das führt zu einem schnelleren Druckanstieg und damit auch zu einer Verkürzung der Standzeit des Filters. Gleichzeitig werden unter diesen Bedingungen auch etwas mehr Gele durch die Kapillaren gedrückt, was den niedrigeren Reinheitsgrad des Filtrats erklärt. Wenn dann das Verhältnis der groben zu den feinen Teilchen den Punkt erreicht, bei dem die feinen Teilchen nicht mehr ausreichen, um den ganzen freien Raum zwischen den großen Teilchen auszufüllen, steigt die Porosität des Kuchens wieder an und gleichzeitig vergrößert sich auch der durchschnittliche Kapillardurchmesser. Das führt zu einem langsameren Druckanstieg und damit zu längeren Standzeiten des Filters; allerdings geht auch die Teilchenretention zurück, so daß sich die Qualität des Filtrats merklich verschlechtert.

Aus dem Einfluß, den das Mischungsverhältnis grober und feiner Pulver auf den Filtrationsvorgang bei der Anschwemmfiltration hat, geht hervor, daß Pulver mit sehr uneinheitlicher Korngrößenverteilung für den praktischen Gebrauch weniger geeignet sind. Es sollte daher immer versucht werden, den gewünschten Reinheitsgrad des Filtrats durch Anwendung eines möglichst einheitlichen PVC-Pulvers zu erreichen, das bei der erforderlichen durchschnittlichen Korngröße einen nur minimalen Gehalt an sehr feinen und sehr groben Teilchen aufweist.

Das eine zu ungleichmäßige Korngrößenverteilung des Pulvers bei der Anschwemmfiltration schadet, soll noch an einem anderen Beispiel gezeigt werden.

Bekanntlich verläuft die Anschwemmfiltration im allgemeinen nach dem Gesetz der Schlammfiltration, und bei konstantem Durchsatz gilt dafür die Gleichung

$$\frac{p}{p_0} = 1 + \mathrm{kV}.$$

Hierbei ist

p = Filtrationsdruck,
p_0 = Anfangsdruck,
V = Filtratvolumen,
k = Konstante, die die Verstopfungseigenschaften des Systems charakterisiert.

Wird in einem Koordinatensystem gegen den Druckanstieg die entsprechende Filtratmenge aufgetragen, so erhält man demnach eine Gerade. Enthält die Viskose zu wenig Pulver für die Sekundäranschwemmung, dann kommt es zu Abweichungen von der Schlammfiltration, der Druck steigt schneller an, als es der angeführten Gleichung entspricht, und die Standzeit des Filters geht deutlich zurück. Die beschriebene Abweichung von der Schlammfiltration konnten wir allerdings auch manchmal dann beobachten, wenn die Viskose genügend Pulver für die Sekundäranschwemmung enthielt, so daß der untypische Filtrationsablauf eine andere Ursache haben mußte. Eingehendere Untersuchungen zeigten dann, daß sich diese Anomalie hauptsächlich in solchen Fällen bemerkbar machte, in denen zur Filtration PVC-Pulver mit sehr ungleichmäßiger Korngrößenverteilung eingesetzt wurden. Es lag deshalb nahe, die Abweichung von der Schlammfiltration so zu erklären, daß sich bei Verwendung solcher Pulver die kleinsten Teilchen nicht stabil in dem sich aufbauenden Filterkuchen festsetzen, sondern daß sie im Verlauf der Filtration von der strömenden Viskose in den unteren Teil des Kuchens geschwemmt werden. In diesem Falle würden sich während der Filtration nicht nur die Kapillaren verlängern, sondern gleichzeitig würde sich auch in ihrem unteren Teil ihr Durchmesser verringern. So ein Filtrationsmechanismus läßt sich dann nicht mehr durch das Gesetz der Schlammfiltration beschreiben, und der Druck würde in diesem Falle wohl schneller und nicht mehr linear ansteigen.

Versuche sollten zeigen, inwieweit diese Vorstellung berechtigt ist. Dazu wurde auf unserer Versuchs-

Tabelle 1. Korngrößenverteilung der Pulver Buna S-60-grob und Buna S-60-fein

Teilchengröße µm	Buna S-60-grob Masse%	Buna S-60-fein Masse%
0···40	8,5	36,5
40···56	6,8	27,0
56···80	1,0	18,5
80···100	7,0	11,0
100···125	7,8	5,5
125···160	17,0	1,5
160···200	30,5	
200···315	19,5	
315···400	1,9	
über 400	0,1	

einrichtung Betriebsviskose filtriert, die nach der ersten Pressenfiltration entnommen wurde und die eine X-Viskosität von 31 aufwies. Als Filterhilfsmittel wurde ein Gemisch von PVC-Pulver Buna S-60-grob und Buna S-60-fein im Verhältnis 4:1 eingesetzt. Die Korngrößenverteilung der beiden Pulver ist in Tabelle 1 angeführt. Filtriert wurde 22 h auf zwei Filtern. Die Filtrationsgeschwindigkeit betrug 102,4 l/m² · h, die Primäranschwemmung 2,25 kg/m² und die Sekundäranschwemmung 1,1 g/l.

Der Druckanstieg während der Filtration war nicht linear. Der Druck stieg schneller an, als es nach dem Gesetz der Schlammfiltration zu erwarten wäre.

Die beiden erhaltenen Filterkuchen wurden mit einer Rasierklinge horizontal in zwei Schichten zerlegt — eine untere und eine obere. Jede Schicht wurde weiter in drei selbständige Teile aufgeteilt, die mit 1 n NaOH und viel destilliertem Wasser gewaschen wurden. Dann wurden die Pulverproben bei 80 °C getrocknet, vorsichtig zerrieben und in Wägegläschen überführt. Von jeder gewogenen Probe wurde dann der Anteil bestimmt, der ein Sieb mit der Maschenweite 40 µm passierte. Dieser prozentuelle Feinstoffanteil der einzelnen Proben ist in Tabelle 2 zusammengestellt.

Die Ergebnisse bestätigen, daß der Feinstoffanteil im unteren Teil des Kuchens bedeutend höher ist als im oberen Teil, und daß die feinen Teilchen von der

Tabelle 2. Feinstoffgehalt in der oberen und unteren Schicht der Filterkuchen

Schicht	Kuchen Nr.	Feinstoffgehalt Masse%	Durchschnittswerte Masse%	
obere	I.	3,60 5,38 4,48	4,49	5,70
	II.	7,19 6,63 6,91	6,91	
untere	I.	6,89 12,60 12,22	10,57	10,46
	II.	9,32 9,68 12,03	10,34	

strömenden Viskose wirklich in den unteren Teil des Kuchens geschwemmt werden, in dem es dadurch zu einer Verengung der Kapillaren kommt. Auch diese Ergebnisse zeigen also, daß die zur Anschwemmfiltration verwendeten PVC-Pulver eine möglichst gleichmäßige Korngrößenverteilung aufweisen sollten.

4. Die Form der PVC-Teilchen

Bei der Prüfung verschiedener PVC-Pulver konnten wir beobachten, daß sich manche Pulver trotz gleicher Korngrößenverteilung hinsichtlich der mit ihnen erreichbaren Filterstandzeit und Filtratqualität sehr unterschiedlich verhielten. Da sich die guten Eigenschaften mancher Pulver nicht durch die Korngröße bzw. Korngrößenverteilung erklären ließen, richtete sich unsere Aufmerksamkeit auf die äußere Form der einzelnen PVC-Teilchen.

Schon die Theorie über das Fließen von Flüssigkeiten durch poröse Schichten zeigt, daß die Teilchenform eine bedeutende Größe ist [4]. Bei $Re < 1$ läßt sich die Durchflußgeschwindigkeit V einer Flüssigkeit durch einen aus kugelförmigen Teilchen aufgebauten Kuchen durch die Gleichung

$$V = \frac{6{,}7 \cdot 10^{-3} \cdot \Delta p}{\eta \cdot L} \cdot d^2 \cdot \frac{m^3}{(1 - m)^2}$$

beschreiben, in der die einzelnen Symbole folgende Bedeutung haben:

Δp = Druckunterschied,
η = dynamische Viskosität der Flüssigkeit,
L = Höhe des Filterkuchens,
d = Teilchendurchmesser,
m = Porosität des Filterkuchens.

Bei gleicher Viskosität und gleichem Druckunterschied ist die Durchflußgeschwindigkeit ein Maßstab für den Kuchenwiderstand, und der ist, wie aus der angeführten Gleichung hervorgeht, bei gleicher Kuchenhöhe nur vom Teilchendurchmesser und der Porosität des Kuchens abhängig. Unter Porosität verstehen wir dabei die relative Größe des von der festen Phase nicht ausgefüllten Raumes. Sie ist also charakterisiert durch den Ausdruck

$$\frac{\text{freier Raum im Kuchen}}{\text{Gesamtvolumen des Kuchens}}.$$

Wie sehr die Porosität die Durchflußgeschwindigkeit beeinflußt, geht aus folgenden Beispielen hervor, bei denen von der Voraussetzung ausgegangen wurde, daß bei der Porosität $m = 0{,}5$ die Durchflußgeschwindigkeit $V = 1{,}0$ ist.

Für $m = 0{,}40$ ist dann $V = 0{,}36$,
0,45 — 0,60,
0,50 — 1,00,
0,55 — 1,64,
0,60 — 2,70.

Das sind sehr große Unterschiede, die eindeutig beweisen, daß sich schon durch kleine Änderungen der Porosität der Kuchenwiderstand sehr wirkungsvoll beeinflussen läßt.

Bei kugelförmigen Teilchen ist die Porosität nur von der Lagerung der Kugeln im Kuchen abhängig. Der Kugeldurchmesser hat keinen Einfluß auf die Porosität. Einen sehr starken Einfluß auf die Porosität hat dagegen die Teilchenform. Sie wird gewöhnlich durch die Sphärizität ausgedrückt, die durch den Quotienten

$$\frac{\text{Oberfläche einer Kugel von gleichem Rauminhalt wie das Teilchen}}{\text{Oberfläche des Teilchens}}$$

gegeben ist. Demnach haben kugelförmige Teilchen die Sphärizität 1, und je größer die Abweichung von der Kugelform ist, um so niedriger ist die Sphärizität. Zwischen der Sphärizität und der Porosität besteht ein Zusammenhang, und in der Literatur findet man graphische Darstellungen, aus denen man ablesen kann, daß die Sphärizität 1 etwa der Porosität 0,39 entspricht, und daß bei der Sphärizität 0,6 die Porosität schon auf 0,55 ansteigt [5]. Das bedeutet, daß der Kuchenwiderstand auch durch die Teilchenform maßgebend beeinflußt werden kann.

Wir haben daraufhin die Teilchenform der verschiedensten PVC-Pulver untersucht und dabei wirklich sehr markante Unterschiede gefunden. Die Bilder 5 und 6 zeigen dafür zwei Beispiele. Wie man sieht, sind die Teilchen aus dem Pulver Buna S-70 (Bild 5) praktisch kugelförmig, während sich die Teilchen aus dem Pulver Nováky S-60-S (Bild 6) dagegen durch eine sehr unregelmäßige Form auszeichnen. Und so, wie es der Theorie entspricht, verhalten sich die Pulver auch bei der Anschwemmfiltration. Pulver mit kugel-

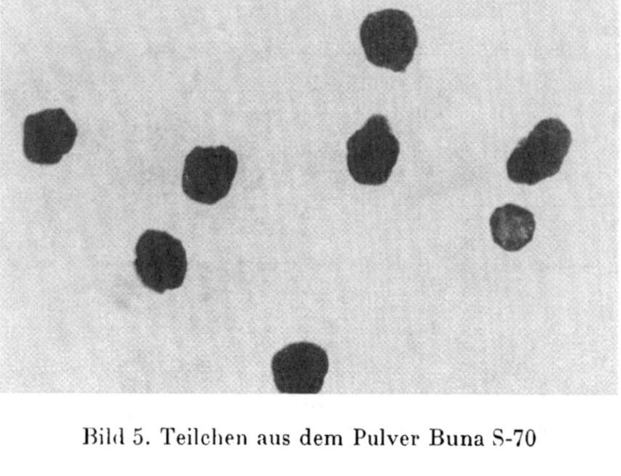

Bild 5. Teilchen aus dem Pulver Buna S-70

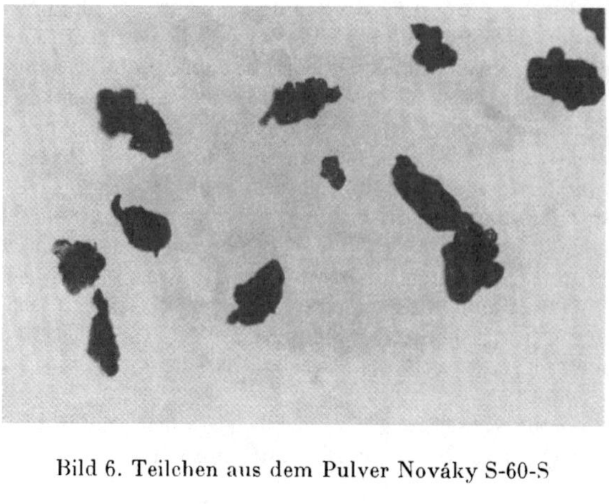

Bild 6. Teilchen aus dem Pulver Nováky S-60-S

förmigen Teilchen — wie Buna S-70 — bilden Kuchen, die der durchfließenden Viskose einen großen Widerstand entgegensetzen und daher wenig geeignet sind. Pulver vom Typ Nováky S-60-S führen dagegen zu durchlässigeren Kuchen, und man erreicht mit ihnen bedeutend längere Standzeiten. Sehr interessant dabei ist, daß Pulver vom Typ Nováky S-60-S trotz des kleineren Kuchenwiderstandes ein reineres Filtrat liefern als Pulver mit kugelförmigen Teilchen vergleichbarer Größe. Davon konnten wir uns durch eine Reihe von Versuchen überzeugen. Einer dieser Versuche sei hier als Beispiel angeführt.

Auf zwei Filtern unserer Einrichtung wurde nebeneinander die gleiche Viskose filtriert. Die X-Viskosität war 40 und der Kw-Wert 764. Die Filtrationsgeschwindigkeit betrug 100 l/m² · h, zur Primäranschwemmung wurden 7,9 g Pulver eingesetzt und zur Sekundäranschwemmung wurde 1,1 g/l Viskose des gleichen Pulvers eingerührt. Die Pulver, die auf den beiden Filtern verwendet wurden, enthielten nur Teilchen vom Größenbereich 100 bis 120 µm. Sie unterschieden sich jedoch durch ihre Form. Für den einen Filter war die enge Fraktion aus dem Pulver Buna S-70 (Bild 5) abgetrennt worden, für den zweiten dagegen aus dem Pulver Nováky S-60-S (Bild 6). Mit der Fraktion aus dem Pulver Buna S-70 wurde der Enddruck von 15 at in 37,5 h erreicht, und der Kw-Wert des Filtrats betrug im Durchschnitt 237. Mit der Fraktion aus dem Pulver Nováky S-60-S lief der Filter bis zum gleichen Enddruck 52,5 h und der durchschnittliche Kw-Wert war nur 163. Wegen dieser offensichtlichen Vorteile wurde die Verwendung von Pulvern mit Teilchen unregelmäßiger Form bei der Anschwemmfiltration zum Gegenstand einer Patentanmeldung [6] gemacht.

5. Bemerkung zur Beurteilung von PVC-Pulvern hinsichtlich ihrer Eignung für die Anschwemmfiltration von Viskose

Soll ein PVC-Pulver hinsichtlich seiner Eignung als Filterhilfsmittel für die Anschwemmfiltration von Viskose beurteilt werden, sollte man, wie die Ergebnisse der angeführten Versuche zeigen, von folgenden zwei Erkenntnissen ausgehen:

1. Die Korngrößenverteilung des Pulvers soll so gleichmäßig wie möglich sein.
2. Die Teilchen des Pulvers sollen nicht kugelförmig sein, sondern sich durch eine möglichst niedrige Sphärizität auszeichnen.

Diese beiden Forderungen spiegeln sich in der Porosität des sich bei der Filtration bildenden Filterkuchens wider. Zu kleine Teilchen bei Pulvern mit unregelmäßiger Korngrößenverteilung lagern sich in den freien Räumen zwischen den größeren Teilchen an (zu größeren Teilchen kann Feinstoff oder Staub zugemischt werden, ohne daß sich das Gesamtvolumen verändert), und die Porosität solcher Gemische ist daher klein. Abweichungen von der Kugelform erhöhen die Porosität.

Die Porosität, die durch das Verhältnis des freien Kuchenvolumens zum Gesamtvolumen des Kuchens definiert ist, sollte sich allerdings auch in der Schüttdichte des Pulvers widerspiegeln. Unter der Voraussetzung, daß die Lagerung der Teilchen im Filterkuchen gleich oder ähnlich ist wie beim freien Aufschütten, muß zwischen der Porosität und der Schüttdichte ein Zusammenhang bestehen. Wir haben daher nach der ČSSR-Norm [7] die Schüttdichte verschiedener handelsüblicher PVC-Pulver bestimmt und dabei gefunden, daß dieser Kennwert bei den einzelnen Pulvern sehr verschieden ist. Die Werte schwankten zwischen 0,45 und 0,70 g/cm³, und erwartungsgemäß zeigte sich, daß für die Anschwemmfiltration von Viskose gerade die Pulver am geeignetsten sind, deren Schüttdichte kleiner als 0,50 g/cm³ ist. Und da sich die Schüttdichte leicht bestimmen läßt, betrachten wir sie als einen sehr nützlichen Kennwert, der zusammen mit der Korngrößenverteilung ermöglicht, PVC-Pulver hinsichtlich ihrer Eignung als Filterhilfsmittel für die Anschwemmfiltration von Viskose zu charakterisieren.

6. Die Filtrationsgeschwindigkeit

Bei gegebener Filterfläche ist die Leistung einer Anschwemmfilteranlage hauptsächlich von der Filtrationsgeschwindigkeit abhängig. Die Standzeit des Filters hat in dieser Hinsicht nur einen kleinen Einfluß. Bei den bisher betriebenen und angebotenen Anschwemmfiltern für Viskose wird die Filtrationsgeschwindigkeit mit 80 bis 135 l/m² · h angegeben. Uns interessierte, wie sich mit der Filtrationsgeschwindigkeit der Reinheitsgrad des Filtrats und die Standzeit des Filters ändern. Das Ergebnis einer solchen Untersuchung ist wichtig, wenn Angaben über die optimale Anzahl der Filter gemacht werden sollen, die bei Einhaltung einer gewünschten Filtratqualität zur Filtration einer gegebenen Viskosemenge notwendig sind. Auch für Überlegungen, ob sich die Leistung einer bestehenden Anlage ohne Erweiterung der Filterfläche erhöhen läßt, ist die Kenntnis dieser Zusammenhänge unerläßlich.

Die Erhöhung der Durchflußgeschwindigkeit der Flüssigkeit durch den Filterkuchen ist ein Faktor, der sich auf die Teilchenretention negativ auswirkt. Da sich mit der Filtrationsgeschwindigkeit auch der auf den Filterkuchen wirkende Druck ändert, hat die Deformierbarkeit des Kuchens einen gewissen Einfluß auf den Abtrennvorgang. Bei der Anschwemmfiltration der Viskose kann man eine druckbedingte Deformation des Kuchens nicht von vornherein ausschließen. Die Teilchen des PVC-Pulvers haben oft eine unregelmäßige, zum Teil längliche Form, so daß eine durch Druck deformierbare Schicht entsteht. Die Viskose wiederum enthält ungelöste Zellstoff-Fasern, mehr oder weniger stark gequollene Gele, die ebenfalls deformierbare Körper sind, die bei der Filtration den Filterkuchen mit aufbauen. Günstig könnte sich dagegen bei der Erhöhung der Filtrationsgeschwindigkeit die Strukturviskosität der Viskose auswirken. Da wir in der Literatur keine Angaben über den Einfluß des Druckes oder der Filtrationsgeschwindigkeit auf den Reinheitsgrad des Filtrats und die Standzeit des Filters bei der Anschwemmfiltration der Viskose fanden, führten wir die weiter beschriebenen Versuche durch.

Auf unserer Versuchsanlage wurden nebeneinander bei drei verschiedenen Filtrationsgeschwindigkeiten (100, 134 und 193 l/m² · h) gleiche Viskosen filtriert. Als Filterhilfsmittel wurde PVC-Pulver Nováky S-60-S

Tabelle 3. Einfluß der Filtrationsgeschwindigkeit auf die Standzeit des Filters und den Reinheitsgrad des Filtrats

Versuch Nr.	Viskose vor der Filtration Kw-Wert	X-Viskosität	Filtrationsgeschwindigkeit $l/m^2 \cdot h$	Kw-Wert des Filtrats	Standzeit des Filters τ_{15at} h	während 1 Zyklus filtrierte Viskosemenge l/m^2
1	705	26,5	100	69	49,1	4910
			134	71	32,7	4382
			193	70	15,7	3030
2	373	33,4	100	60	90,6	9060
			134	57	50,9	6821
			193	63	24,0	4632
3	462	42,4	100	38	58,8	5880
			134	41	32,7	4382
			193	44	17,3	3339
⌀	513,3	34,1	100	55,7	66,2	6620
			134	56,3	38,8	5195
			193	59,0	19,0	3667

verwendet, aus dem vorher die Teilchen kleiner als 70 µm und größer als 200 µm entfernt worden waren. Die Primäranschwemmung wurde mit 2,25 kg/m² und die Sekundäranschwemmung mit 1,1 g/l Pulver durchgeführt. Während der Filtration wurde der Druckanstieg verfolgt und der Reinheitsgrad des Filtrates bestimmt. Die Ergebnisse von drei Versuchen sind in Tabelle 3 zusammengestellt.

Die Ergebnisse zeigen, daß eine Erhöhung der Filtrationsgeschwindigkeit von 100 auf 134 $l/m^2 \cdot h$ keinen Einfluß auf den Reinheitsgrad des Filtrats hat und daß es bei einer weiteren Erhöhung von 134 auf 193 $l/m^2 \cdot h$ nur zu einer unbedeutenden, wenn nicht gar vernachlässigbaren Verschlechterung der Filtratqualität kommt. Die Standzeit des Filters verkürzt sich mit steigender Filtrationsgeschwindigkeit beträchtlich. Bei der Auswertung muß man jedoch von der Viskosemenge ausgehen, die im Laufe eines Filterzyklus durchfiltriert wurde. Diese, aus der Filtrationsgeschwindigkeit und der Standzeit des Filters berechneten Werte, sind in der letzten Spalte der Tabelle 3 angeführt.

Bei einer Erhöhung der Filtrationsgeschwindigkeit steigt also einerseits die Leistung der Anschwemmfilter, andererseits erniedrigt sich die Viskosemenge, die während eines Zyklus durchfiltriert wird, so daß die Kosten für die Reinigung der Filter und die Regeneration des PVC-Pulvers ansteigen. Auf Grund der gefundenen Werte kann gesagt werden, daß sich bei einer Erhöhung der Filterleistung um 34% oder Verringerung der Filterfläche (Anzahl der Filter) um etwa 25% die Kosten für die Reinigung der Filter und Regeneration des PVC-Pulvers um 28% erhöhen. Bei einer Erhöhung der Filterleistung um 93%, die einer Herabsetzung der Filterfläche um 48% entspricht, steigen die Kosten für die Filterreinigung und die Pulverregeneration um 81%.

Zusammenfassend kann festgestellt werden, daß für die Wahl der Filtrationsgeschwindigkeit im Bereich von 100 bis 200 $l/m^2 \cdot h$ nicht die Filtratqualität der ausschlaggebende Faktor ist, sondern die Entscheidung auf Grund ökonomischer Überlegungen getroffen werden muß, bei denen dem positiven Beitrag der Leistungssteigerung die erhöhten Kosten für die Filterreinigung und die Pulverregeneration gegenüberzustellen sind.

7. *Zusammenfassung*

Um einige Probleme bei der Anschwemmfiltration von Viskose mit PVC-Pulver als Filterhilfsmittel näher studieren zu können, wurde eine Versuchseinrichtung geschaffen, die es ermöglicht, nebeneinander Filtrationen unter drei verschiedenen Versuchsbedingungen durchzuführen. Mit dieser Einrichtung wurde untersucht, wie sich das Mischen von groben und feinen Pulvern sowie die Teilchenform des PVC-Pulvers und die Filtrationsgeschwindigkeit auf die Standzeit des Filters und den Reinheitsgrad des Filtrats auswirken. Die Versuche brachten unter den gewählten Versuchsbedingungen folgende Erkenntnisse:

1. Ein Zusatz von grobem Pulver zu feinem wirkt sich bis zu einem bestimmten Mischungsverhältnis nachteilig aus, denn im Vergleich zum alleinigen feinen Pulver verschlechtert sich der Reinheitsgrad des Filtrats und gleichzeitig verkürzt sich auch die Standzeit des Filters. Erst von einem bestimmten Mischungsverhältnis an verlängert sich die Standzeit des Filters, wobei allerdings die Filtratqualität sich weiter verschlechtert.
2. Bei der Anwendung von PVC-Pulvern mit sehr ungleichmäßiger Korngrößenverteilung werden die feinen Teilchen im Laufe der Filtration von der strömenden Viskose in den unteren Teil des Filterkuchens geschwemmt, wo sie zu einer Verengung der Kapillaren beitragen. Damit läßt sich erklären, warum bei der Verwendung uneinheitlicher Pulver der Druckanstieg bei der Anschwemmfiltration manchmal nicht dem Gesetz der Schlammfiltration gehorcht.
3. Vorteilhaft ist es, PVC-Pulver zu verwenden, deren Teilchen eine unregelmäßige Form haben. Aus diesen Pulvern bilden sich Filterkuchen, die sich durch hohe Porosität und ein großes Rückhaltevermögen auszeichnen und daher bei langen Filterstandzeiten zu einem sauberen Filtrat führen.
4. Die Schüttdichte erwies sich als geeigneter Kennwert zur Beurteilung von PVC-Pulvern hinsichtlich ihrer Eignung als Filterhilfsmittel für die Anschwemmfiltration von Viskose.
5. Mit steigender Filtrationsgeschwindigkeit ändert sich im Bereich von 100 bis 200 $l/m^2 \cdot h$ der Reinheitsgrad des Filtrats praktisch nicht, die Menge der im Laufe eines Filterzyklus filtrierten Viskose erniedrigt sich jedoch. Bei der Wahl der Filtrationsgeschwindigkeit muß die Entscheidung auf Grund ökonomischer Überlegungen getroffen werden, bei denen dem positiven Beitrag der Leistungssteigerung die erhöhten Kosten für die Reinigung der Filter und die Regeneration des PVC-Pulvers gegenüberzustellen sind.

Literatur

[1] Fachgruppe Chemische Herstellung von Fasern, Merkblatt Z st 1, Ausgabe März 1940 (Zeichnung aus der Ausgabe vom September 1942).
[2] *Riedel, E., Lorenz, F.*, und *Schmidt, K.*: Beitrag zur Problematik der Filtration von Viskose mittels Anschwemmfilter. Faserforsch. u. Textiltechnik **16** (1965) S. 598–602.
[3] *Schleicher, H.*, und *Hecht, K.*: Untersuchungen zur Anschwemmfiltration von Viskose. Faserforsch. u. Textiltechnik **17** (1966) S. 566–571.
[4] *Slaviček, E.*: Potravinářské inženýrství 1. SNTL Praha 1958, S. 116.
[5] *Brown, G. G.*: Unit Operations. New York: Wiley & Sons, und London, Chapman & Hall, 1951, S. 214.
[6] ČSP (Urheberschein) 152784 vom 18. 11. 1969. *Berndt, W., Blače, Z.*, und *Smíšek, V.*: Verfahren zur Reinigung viskoser Flüssigkeiten, besonders Viskose, durch Anschwemmfiltration.
[7] ČSN 640804: Bestimmung der Schüttdichte von Formmassen, die durch den Standardtrichter laufen. Ausgabe vom 30. 3. 1966. Die angeführte Norm entspricht DIN 53468.

Eingegangen am 25. März 1974

Lichtstabilisierung von Polycaproamidtextilseide

R. Garvanska, K. Dimov, I. Georgiev und D. Pišev
Chemisch-Technologisches Institut, Sofia/Bulgarien

DK 677.494.675'126:677.019.36:677.017.84:677.021.123.62:677.044.12

Die lichtstabilisierende Wirkung auf Polycaproamidtextilseide von unterschiedlichen Ein- und Mehrkomponentenkompositionen aus Mangan- und Kupfersalzen, Äthanolamin, primärem Natriumphosphat und Kaliumjodid wurde untersucht. Die Änderung der Festigkeit und Dehnung und der relativen Viskosität nach der Lichtbestrahlung zeigten, welche Kompositionen die beste lichtstabilisierende Wirkung aufweisen.

Светостабилизация поликапроамидной текстильной нити

Изучен эффект светостабилизации поликапроамидной текстильной нити при применении различных одно- и многокомпонентных композиций на основе солей марганца и меди, этаноламина, фосфата натрия и иодида калия. Для оценки стабилизирующих свойств композиций определялись изменения прочности, удлинения и относительной вязкости после облучения.

Light Stabilization of Textile Polycaproamide Filament Yarn

The light stabilizing effects of various mono- and polycomponent compositions of manganese and copper salts, ethanol amine, primary sodium phosphate and potassium iodide on textile polycaproamide multifilament yarn has been investigeted. Based on the change in strength, extension and relative viscosity the most effective compositions are characterized.

Die Polycaproamidfasern finden immer breitere Anwendung wegen ihrer ausschließlich guten Gebrauchs- und ästhetischen Eigenschaften. Ein ernster Mangel ist jedoch ihre niedrige Lichtbeständigkeit, die ihre Verwendung in manchen Gebieten der Textil-, Trikotage- und Galanterieindustrie beschränkt. Dies bezieht sich besonders auf die tiefmattierte Polycaproamidseide, bei der die erhöhte Titanoxidmenge stark die Lichtbeständigkeit verringert. Aus diesem Grunde ist das Problem der Lichtstabilisierung der Polycaproamidtextilseide sehr aktuell, und es wird ununterbrochen nach neuen Methoden und Mitteln für die Verbesserung dieser Eigenschaft gesucht.

Bei Lichteinwirkung in Anwesenheit von Sauerstoff verlaufen in den Polycaproamidfasern unterschiedliche Oxydationsprozesse, die zum Abbau der makromolekularen Ketten führen. Als Ergebnis davon wird die Qualität der Fasern verschlechtert. Um solchen Prozessen vorzubeugen, die beim Photoabbau in den Polycaproamidfasern entstehen, werden verschiedene Lichtstabilisatoren eingesetzt. In der Literatur werden als solche vor allem die Salze der komplexebildenden Metalle (Mangan, Kupfer, Chrom u. a.), einige organische Verbindungen (Dioxylbenzophenon, o-Phenylbenzoxazol, Alkylphosphate u. a.) [1 bis 4] genannt.

Die Effektivität der metallhaltigen Lichtstabilisatoren wird sowohl durch ihre chemische antioxydative Wirkung als auch durch ihr Verhalten als Strukturbildner [5] bestimmt.

Die antioxydative Wirkung des Metallions hängt außer von seinen komplexbildenden Eigenschaften auch von der Art des Anions ab, mit dem es gebunden ist. Die effektiven Lichtstabilisatoren sind eigentlich auch gute Strukturbildner, die auf der Faseroberfläche eine besonders dichte und feine Struktur bilden, die eine erhöhte Lichtbeständigkeit gewährleistet. Es müßte jedoch vermerkt werden, daß der Charakter dieser Struktur nicht allein von der Art des Stabilisators, sondern auch von der Art seiner Zugabe und von den Spinn- und Reckbedingungen abhängt. Deshalb ist die chemische lichtbeständige Wirkung eines gegebenen Stabilisators eine konstante Größe, während die strukturelle lichtstabilisierende Wirkung im allgemeinen von den technologischen Bedingungen für die Gewinnung stabilisierter Fasern abhängig ist.

In der vorliegenden Arbeit wurde die chemische lichtstabilisierende Wirkung in bezug auf Polycaproamidseide WIDLON von unterschiedlichen Arten von Ein- und Mehrkomponentenkompositionen auf Grund der Mangansalze $Mn(OOCCH_3)_2 \cdot 2H_2O$, $Mn(OOC(CH_2)_4COO)$, $MnSO_4 \cdot H_2O$ und Kupfersalze $Cu(OOCCH_3)_2 \cdot H_2O$, $CuSO_4 \cdot 5H_2O$, Äthanolamin $HOCH_2CH_2NH_2$, primär-Natriumphosphat $NaH_2PO_4 \cdot 2H_2O$ und Kaliumjodid KJ, in vier Serien eingeteilt, untersucht. Auf Grund dessen wurden zweckentsprechende lichtstabilisierende Kompositionen gewählt. Für diesen Zweck wurde eine Diffusionsbehandlung der Polycaproamidseide WIDLON 5,18 tex, f 12) mit lichtstabilisierenden Kompositionslösungen bei einer Temperatur von 50°C, 1 min Dauer, 50 g/l Stabilisator, Konzentration, Modul 1:10 durchgeführt. Die Spülung nach der Stabilisierung mit destilliertem Wasser beim Badmodul 1:100 erfolgte zweimalig: erste Spülung 5 min bei 50°C, zweite Spülung 5 min bei 20°C. Das Trocknen und Fixieren wurde an dem infraroten Kondensapparat bei 80°C binnen 1 h durchgeführt.

Tabelle 1. Kenndaten nach der Diffusionsbehandlung

Laufende Nummer	Lichtstabilisierte Komposition	Festigkeit cN	Dehnung %	relative Viskosität η
1	2	3	4	5
0.	ohne Stabilisator	224,92	28,27	2,58
	I. Serie			
1.	Manganacetat	198,14	22,50	2,53
2.	Kupferacetat	231,16	32,40	2,50
3.	Manganacetat + Kupferacetat	213,24	24,70	2,53
4.	Primäres Natriumphosphat	222,16	27,70	2,54
5.	Kaliumjodid	228,40	30,22	2,52
6.	Manganacetat + primär. Natriumphosphat	191,76	23,40	2,57
7.	Kupferacetat + primär. Natriumphosphat	222,20	26,20	2,52
8.	Manganacetat + Kaliumjodid	225,92	30,13	2,62
9.	Kupferacetat + Kaliumjodid	211,90	31,91	2,60
10.	Primär.Natriumphosphat + Kaliumjodid	221,36	27,87	2,61
11.	Manganacetat + Kupferacetat + primär. Natriumphosphat + Kaliumjodid	235,40	32,19	2,59
	II. Serie			
12.	Manganadipat + Kupferacetat	222,60	28,57	2,68
13.	Manganadipat + Kupferacetat + primär. Natriumphosphat	236,96	33,61	2,72
14.	Manganadipat + Kupferacetat + primär. Natriumphosphat + Kaliumjodid	224,02	28,81	2,63
	III. Serie			
15.	Äthanolamin	232,00	30,02	2,46
16.	Kupferacetat + Äthanolamin	240,44	32,78	2,51
	IV. Serie			
17.	Mangansulfat	227,16	29,45	2,65
18.	Kupfersulfat	233,12	31,38	2,69
19.	Mangansulfat + Kupfersulfat	239,28	32,78	2,66
20.	Mangansulfat + Kupfersulfat + primär. Natriumphosphat	199,44	25,96	2,53
21.	Mangansulfat + Kupfersulfat + primär. Natriumphosphat + Kaliumjodid	228,76	29,33	2,61

Die Lichtbeständigkeit wurde erprobt unter Bedingungen einer beschleunigten Alterung an einem Apparat von einfacher Bauart — Kammer mit darin montierten Lumineszenzlampen mit einem dem Tageslicht nahen Spektrum. Die Bestrahlung hatte eine Dauer von 0 bis 250 h. Der stabilisierende Effekt ist nach der Restfestigkeit, -dehnung und relativer Viskosität (1%ige Lösungen in konz. Schwefelsäure bei 20 °C) nach der Bestrahlung bewertet worden.

Festigkeit und Reißdehnung und die relative Viskosität nach der Diffusionsbehandlung selbst sind in Tabelle 1 wiedergegeben. In den meisten Fällen sind die sich einstellenden Änderungen in den betreffenden Kenndaten bei Anwendung lichtstabilisierender Kompositionen unbedeutend im Vergleich mit der nichtstabilisierten Probe und fallen in die rel. Wahrscheinlichkeitsbreite der mittleren Werte. Folglich führt die Diffusionsbehandlung mit lichtstabilisierenden Kompositionen zu keinem Abbau und zu keinen Änderungen in der übermolekularen Struktur der Polycaproamidfasern.

Die Festigkeitsänderung, die Änderung der Dehnung und der relativen Viskosität bei Lichtbestrahlung von 0 bis 250 h ist auf Bild 1 bis 6 und Tabelle 2 dargestellt.

Mit Verlängerung der Bestrahlungsdauer vermindern sich die Festigkeit, die Dehnung und die relative Viskosität der nicht lichtstabilisierten Probe beachtlich wegen des eingetretenen Abbaus der makromolekularen Ketten, und wegen Änderungen in der übermolekularen Struktur der Fasern.

Bei den lichtstabilisierten Proben vermindern sich gleichfalls die Festigkeit und die Dehnung mit Verlängerung der Bestrahlungsdauer bis 250 h, jedoch in viel geringerem Maße im Vergleich zu der nichtlichtstabilisierten Probe. Diese Verminderung steht in Zusammenhang mit der Effektivität der lichtstabilisierenden Komposition.

Es wurde festgestellt, daß das primäre Natriumphosphat, selbständig angewendet, keine lichtstabilisierende Wirkung gegenüber der Polycaproamidseide aufweist; es wird sogar der umgekehrte Effekt wahrgenommen. Nach 250 h Lichtbestrahlung ist die Restfestigkeit und -dehnung kleiner als diejenigen der nichtlichtstabilisierten bestrahlten Probe (Bilder 1 und 2).

Das Mangan- und Kupferacetat und das Kaliumjodid (aus der Serie I), selbständig angewendet, besitzen einen lichtstabilisierenden Effekt. In einer Kombination untereinander und mit primärem Natriumphosphat läßt sich der lichtstabilisierende Effekt jedoch bedeutend erhöhen (Bild 1).

Tabelle 2. Kenndaten nach der Lichtbestrahlung

Nr.	Lichtstabilisierende Komposition	Rückständige Festigkeit nach 250 h	Relative Viskosität [η] nach 0 h	50 h	150 h	250 h
1	2	3	4	5	6	7
0	Ohne Stabilisator	63,20	2,58	2,50	2,38	2,21
	I. Serie					
1.	Manganacetat	73,50	2,53	2,47	2,58	2,36
2.	Kupferacetat	79,30	2,50	2,53	2,59	2,40
3.	Manganacetat + Kupferacetat	96,90	2,53	2,56	2,58	2,41
4.	Primäres Natriumphosphat	59,69	2,54	2,49	2,59	2,39
5.	Kaliumjodid	85,07	2,52	2,50	2,53	2,38
6.	Manganacetat + primär Natriumphosphat	78,30	2,57	2,51	2,61	2,27
7.	Kupferacetat + primär Natriumphosphat	91,30	2,52	2,62	2,68	2,30
8.	Manganacetat + Kaliumjodid	89,20	2,62	2,53	2,64	2,43
9.	Kupferacetat + Kaliumjodid	95,20	2,60	2,64	2,66	2,32
10.	Primär. Natriumphosphat + Kaliumjodid	83,09	2,61	2,60	2,63	2,44
11.	Manganacetat + Kupferacetat + primär. Natriumphosphat + Kaliumjodid	95,04	2,59	2,63	2,67	2,42
	II. Serie					
12.	Manganadipat + Kupferacetat	83,10	2,68	2,60	2,63	2,49
13.	Manganadipat + Kupferacetat + primär. Natriumphosphat	86,30	2,72	2,64	2,66	2,52
14.	Manganadipat + Kupferacetat + primär. Natriumphosphat + Kaliumjodid	87,07	2,63	2,55	2,66	2,40
	III. Serie					
15.	Äthanolamin	66,62	2,46	2,33	2,51	2,32
16.	Kupferacetat + Äthanolamin	88,27	2,51	2,39	2,53	2,36
	IV. Serie					
17.	Mangansulfat	70,36	2,65	2,51	2,55	2,32
18.	Kupfersulfat	73,82	2,69	2,56	2,65	2,44
19.	Mangansulfat + Kupfersulfat	68,83	2,66	2,54	2,64	2,40
20.	Mangansulfat + Kupfersulfat + primär. Natriumphosphat	62,10	2,53	2,48	2,61	2,31
21.	Mangansulfat + Kupfersulfat + primär. Natriumphosphat + Kaliumjodid	90,90	2,61	2,57	2,66	2,41

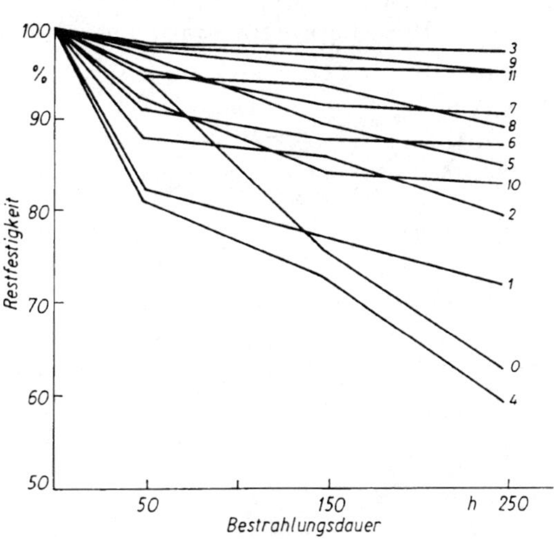

Bild 1

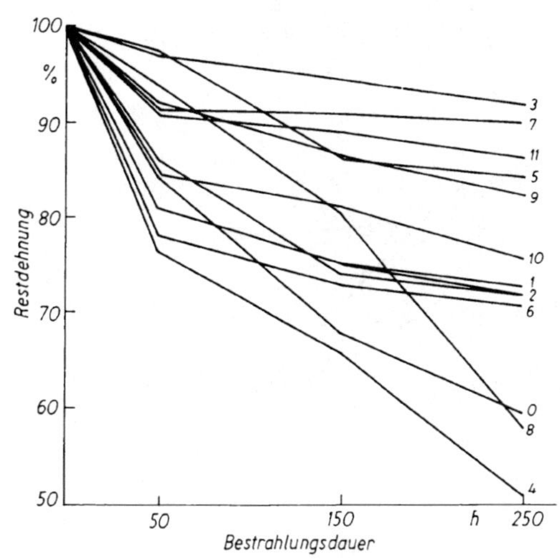

Bild 2

Bilder 1 und 2. Abhängigkeit der rückständigen Festigkeit und rückständigen Dehnung in % von der Bestrahlungsdauer in h
0. Nichtlichtstabilisierte Probe; 1. Manganacetat; 2. Kupferacetat; 3. Mangan + Kupferacetat; 4. Primäres Natriumphosphat; 5. Kaliumjodid; 6. Manganacetat + primär. Natriumphosphat; 7. Kupferacetat + primär. Natriumphosphat; 8. Manganacetat + Kaliumjodid; 9. Kupferacetat + Kaliumjodid; 10. Primär. Natriumphosphat + Kaliumjodid; 11. Manganacetat + Kupferacetat + primär. Natriumphosphat + Kaliumjodid

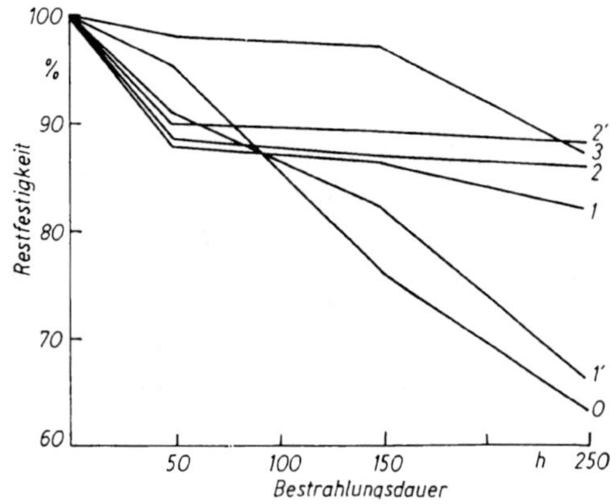

Bild 3

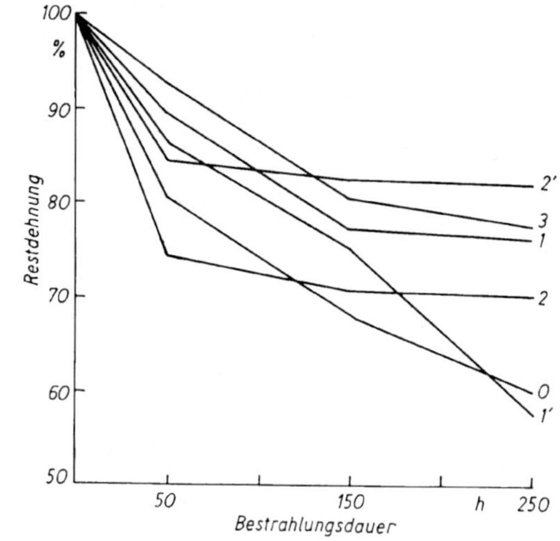

Bild 4

Bilder 3 und 4. 0. Nichtlichtstabilisierte Probe; 1. Manganadipat + Kupferacetat; 2. Manganadipat + Kupferacetat + primär. Natriumphosphat; 3. Manganadipat + Kupferacetat + primär. Natriumphosphat + Kaliumjodid
1' Äthanolamin 2' Kupferacetat + Äthanolamin

Der lichtstabilisierende Effekt des Kupferacetats ist vor allem auf die komplexbildende Fähigkeit des Kupferkations zurückzuführen. Es werden Koordinationsbindungen zwischen dem Kupferkation und den Amidgruppen der Makromoleküle geschaffen, wobei auf diese Weise die gegenüber der Lichtbestrahlung aktiven Gruppen desaktiviert werden. Beim Manganacetat ist die Lichtstabilisierung vor allem auf seine desaktivierende Wirkung gegenüber dem Titandioxid zurückzuführen. All dies führt zu einer erheblich besseren Erhaltung der Festigkeit bei der Lichtbestrahlung.

Beste Ergebnisse (bei der ersten Versuchsserie) in bezug auf Erhaltung der Festigkeit nach 250 h Bestrahlung wurden mit folgenden Kompositionen festgestellt: Kupferacetat + Manganacetat, Kupferacetat + Kaliumjodid, Manganacetat + Kupferacetat + Kaliumjodid + primär. Natriumphosphat (Tabelle 2).

Die sich ergebenden prozentual unbedeutenden Verminderungen der Festigkeit nach 250 h Bestrahlung (miteinander verglichen) bei den bezeichneten drei Kombinationen liegen in den Fehlergrenzen, wenn man die rel. Wahrscheinlichkeitsintervalle der mittleren Festigkeitswerte in Betracht zieht.

Bei den Proben aus der II. Serie, die eine Diffusionsbehandlung mit Manganadipat + Kupferacetat, mit Manganadipat + Kupferacetat + primär. Natriumphosphat und in Kombination dieser drei Salze mit Kaliumjodid erfahren haben, vermindert sich die Festigkeit nach 250 h Bestrahlung entsprechend bis 83,10%, 86,30% und 87,07% (Tabelle 2). Es ist ersichtlich, daß die Vierkomponentenkomposition einen höheren lichtstabilisierenden Effekt besitzt als die Zwei- und Dreikomponentenkomposition. Dasselbe

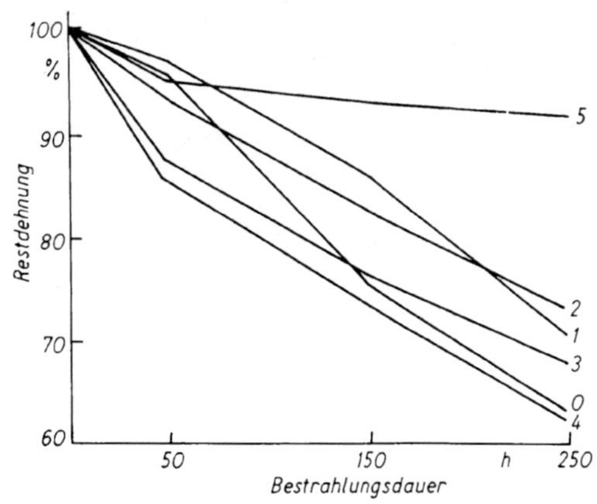

Bild 5

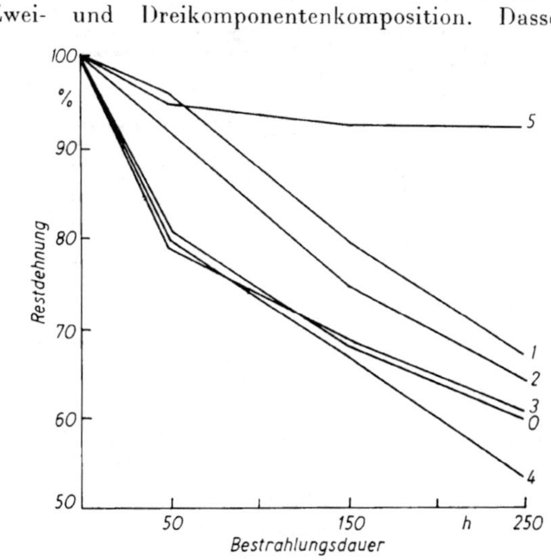

Bild 6

Bilder 5 und 6. 0. Nichtlichtstabilisierte Probe; 1. Mangansulfat; 2. Kupfersulfat; 3. Mangansulfat + Kupfersulfat; 4. Mangansulfat + Kupfersulphat + primär. Natriumphosphat; 5. Mangansulfat + Kupfersulfat + primär. Natriumphosphat + Kaliumjodid bezieht sich auch auf das Merkmal Dehnung beim Reißen (Bild 4). Diese Wirkung weist jedoch ein kleineres Maß im Vergleich zu derjenigen der oben bezeichneten drei Bestkompositionen der ersten Serie auf.

Das Äthanolamin, selbständig eingesetzt, hat keine lichtstabilisierende Wirkung gegenüber der Polycaproamidseide. Die Kombination von Äthanolamin mit Kupferacetat verbessert bedeutend die Erhaltung der Festigkeit und Dehnung bei Lichtbestrahlung (Bilder 3 und 4).

Bei den Ein- und Mehrkomponentenkombinationen der Serie IV wird Folgendes beobachtet: beim Mangansulfat und Kupfersulfat, selbständig eingesetzt, vermindern sich bei Lichtbestrahlung die Festigkeit und die Dehnung weniger als bei ihrer Kombinierung und zusammen mit dem primär. Natriumphosphat. Die folgende Zugabe von Kaliumjodid jedoch in die Vierkomponentenkomposition führt nach 250 h Bestrahlung (Bilder 5 und 6) zur beachtlichen Erhaltung der bezeichneten Merkmale. Demnach vollzieht sich hier eine wesentlich kompliziertere Wechselwirkung zwischen den einzelnen vier Komponenten, die in hohem Grade zur Erhöhung des lichtstabilisierenden Effekts beiträgt.

Die Änderung der relativen Viskosität der stabilisierten Proben mit Verlängerung der Bestrahlungsdauer unterscheidet sich von der Festigkeitsänderung und von derjenigen der Dehnung. Bei stabilisierten Proben wird in bestimmten Intervallen ein Anstieg der Viskosität, insbesondere in der Anfangszeit der Bestrahlung bis 150 h (Tabelle 2) beobachtet. Bei der Lichtbestrahlung verlaufen in den stabilisierten Proben verschiedengradige Abbauprozesse, ferner chemische Strukturwandlung und Komplexbildung. Aus Literaturangaben ist bekannt, daß in den Anfangsetappen der Oxydation unter der Lichteinwirkung eine chemische Strukturierung der makromolekularen Ketten [6] eintritt. Wenn man jedoch vom Mechanismus der Lichtstabilisation ausgeht, könnte man das Anwachsen der Viskosität eher auf die Wechselwirkung der metallhaltigen Substanz mit den endständigen Polycaproamidgruppen zurückführen, wobei ein Metallion 3 oder 4 Makromoleküle binden kann. Außerdem werden infolge der Komplexbildung mit den Amidgruppen des Polymeren große Makromolekülaggregate gebildet, die, wenn sie hinreichend beständig sind, bei der Bestimmung der relativen Viskosität in Schwefelsäure, zur fiktiven Erhöhung der rel. Molekülmasse des Polycaproamids führen.

Bei den meisten von uns benutzten lichtstabilisierenden Kompositionen zwischen 50 und 150 Bestrahlungsstunden wird eine Erhöhung der relativen Viskosität beobachtet, woraufhin der Prozeß des photochemischen Abbaus die Oberhand gegenüber den Prozessen der chemischen Strukturierung und Komplexbildung gewinnt, was zur Verminderung der relativen Viskosität führt, jedoch in viel geringerem Grade im Vergleich zu derjenigen der nichtlichtstabilisierten bestrahlten Probe (Tabelle 2). In diesen Fällen wird eine Aktivierung der Polymermakromoleküle in den ersten 50 h der Bestrahlung beobachtet, und anschließend beginnt die Komplexbildung und die chemische Strukturierung. Bei den Kompositionen auf Basis von Kupferacetat, das allein und im Gemisch mit

Tabelle 3. Restfestigkeit und -dehnung nach 250 h Lichtbehandlung

Laufende Nummer	Parameter Konzentr. g/l	Parameter Temperatur °C	Restfestigkeit %	Restdehnung %
1	80	70	93,99	92,0
2	80	30	96,97	96,2
3	20	70	95,06	92,0
4	20	30	97,10	81,0

Manganacetat, primär. Natriumphosphat und Kaliumjodid eingesetzt wird, tritt ein Anwachsen der relativen Viskosität noch in den ersten 50 Bestrahlungsstunden auf, dauert bis 150 h, um sich nachher wieder zu vermindern. Also ist in diesen Fällen, dank der besseren komplexbildenden Eigenschaften des Kupferkations, die Aktivierungsenergie der Komplexbildung geringer und diese beginnt sofort nach der Lichtbehandlung der Proben.

Bei der Komposition auf Basis von Manganacetat + Kupferacetat + primär. Natriumphosphat + Kaliumjodid untersuchten wir den Einfluß der Konzentration und der Temperatur der Diffusionsbehandlung auf den Lichtstabilisierungseffekt. Für den Zweck wurden vier Versuche durchgeführt bei Konzentration 20 und 80 g/l und 30 und 70 °C bei konstanter Dauer 1 min. Die erhaltenen Ergebnisse über die Restfestigkeit und -dehnung nach 250 h Lichtbehandlung sind in Tabelle 3 angegeben. Es wurde festgestellt, daß die Konzentration und die Temperatur in den bezeichneten Intervallen nicht in beträchtlichem Grade den lichtstabilisierenden Effekt beeinflussen.

Schlußfolgerung

Es wurde die chemische lichtstabilisierende Wirkung in bezug auf Polycaproamidtextilseide von unterschiedlichen Ein- und Mehrkomponentenkompositionen auf Basis von Mangan- und Kupfersalzen, Äthanolamin, primär. Natriumphosphat und Kaliumjodid untersucht.

1. Die Diffusionsbehandlung bei den meisten lichtstabilisierenden Kompositionen führt nicht zum Abbau des Polycaproamids und zu Änderungen in seiner übermolekularen Struktur. Die festgestellten unbedeutenden Änderungen der Festigkeit, der Dehnung und der relativen Viskosität nach der Stabilisierung liegen im Bereich der Fehlergrenzen.
2. Nach dauernder Lichtbestrahlung bis 250 h nehmen die Festigkeit, die Dehnung und die relative Viskosität der lichtstabilisierten Proben ab, jedoch in viel geringerem Grade im Vergleich zu der nichtlichtstabilisierten Ausgangsprobe.
3. Der Charakter der Änderung der relativen Viskosität der lichtstabilisierten Proben mit Verlängerung der Lichtbehandlungsdauer unterscheidet sich vom Charakter der Festigkeits- und Dehnungsänderung; diese vermindern sich allmählich. Die Viskosität durchläuft ein Maximum, um nacher zu sinken. Dies ist durch die ungleiche Geschwindigkeit der parallel verlaufenden Prozesse des Abbaus der chemischen Strukturierung und der Komplexbildung bei unterschiedlicher Dauer der Bestrahlung zu erklären.
4. Bei Betrachtung der Änderung der Festigkeits-, Dehnungs- und der relativen Viskositätswerte nach der Lichtbe-

strahlung wurde die Feststellung gemacht, daß die Vierkomponentenkompositionen bessere Ergebnisse liefern als die jeweiligen Mono-, Di- und Dreikomponentenkompositionen.

5. Beste Ergebnisse, bei denen die Erhaltung der Festigkeit in den Grenzen von 86,30% bis 96,90% liegt, wurden bei den von uns durchgeführten Untersuchungen mit folgenden Kompositionen verzeichnet: Manganacetat + Kupferacetat, Kupferacetat + Kaliumjodid, Manganacetat + Kupferacetat + primär. Natriumphosphat + Kaliumjodid, Kupferacetat mit primär. Natriumphosphat, Mangansulfat + Kupfersulfat + primär. Natriumphosphat + Kaliumjodid, Kupferacetat + Äthanolamin, Manganadipat + Kupferacetat + primär. Natriumphosphat + Kaliumjodid.

Literatur

[1] *Voitelev, Ju. A.*, und *Katoršnov N. D.*: Chim. Volokna (Chem. Fasern) **2** (1960) 3, S. 3—6.

[2] USP 2887462 von 1955. Erf. *Van Ost J.*

[3] Stabilisierte Polyamidkompositionen. GBP 1102921 vom 11. 2. 1965. Inh.: Imperial Chemical Industries Ltd. Int. Kl.: C 08g 41/00.

[4] Stabilisierte Polyamidfäden. GBP 1146157 vom 6. 6. 1966. Inh.: E. I. du Pont de Nemours & Co. Int. Kl.: C 08g 41/00.

[5] *Edgar, O.*: GBP 1102921 (1968).

[6] *Reaves, A.*: GBP 1146157 (1969).

[7] *Berestnev, V. A., Nagdaseva, I. P., Kozyreva, Z. M., Tokareva, L. G., Potemkina, Z. I., Michajlov, N. V.*, und *Kargin, V. A.*: Einfluß von Thermostabilisatoren auf die Struktur der Kapronfaser. Chim. Volokna (Chem. Fasern) **6** (1964) 2, S. 35—41; dt. in: Sowj. Beitr. Faserforsch. Textiltechnik **1** (1964) 2, S. 62—69.

[8] *Kusminskii, A. S.*: „Stareene wisokopolimerov" Uspechi chimii, XXIV, wipusk 7, 842—874 (1966).

Eingegangen am 15. Februar 1974

Neue Bücher

Lignins Occurence, Formation, Structure and Reactions. Hgg. von *Kyosti V. Sarkanen* und *Charles H. Ludwig*. New York/London/Sydney/Toronto: Wiley — Interscience Publ. 1971. XXV, 1971: 916 S., Lwd. £ 21,10.

Das von *Sarkanen* und *Ludwig* herausgegebene Werk ist eine weitere Bereicherung der Fachliteratur über Holzchemie. Das Holz bzw. andere Celluloseträger bilden sich im Gegensatz zu anderen Rohstoffen, wie z. B. Erdöl und Kohle, ständig nach und stehen bei einer vernünftigen Waldwirtschaft für unbegrenzte Zeit zur Verfügung. Deshalb ist es sehr wichtig, unsere Kenntnisse über diesen Rohstoff ständig zu erweitern, um die Bestandteile Cellulose, Holzpolyosen und Lignin noch besser zu verwerten. Während aus den Polysacchariden der Celluloseträger eine große Anzahl von wertvollen Substanzen, wie z. B. Zellstoff, Zucker, Aminosäuren und Medikamente hergestellt wird, kann das Problem Lignin trotz umfangreicher Publikationen und Patente nicht als befriedigend gelöst betrachtet werden. Deshalb ist den Herausgebern zu danken, daß sie eine Reihe von namhaften, auf dem Gebiet der Holzchemie tätigen Wissenschaftlern zur Mitarbeit gewonnen haben.

Das Werk ist in neun Abschnitte unterteilt und von verschiedenen Autoren verfaßt.

Abschnitt 1: Einführung. 1. Definition und Nomenklatur (*K. V. Sarkanen und C. H. Ludwig*) 18 S., 44 Lit.;

Abschnitt 2: Lignin in der Pflanzenwelt. 2. Vorkommen und Entstehung in Pflanzen (*A. B. Wardroß*) 23 S., 79 Literaturangaben; 3. Klassifizierung und Verteilung (*K. V. Sarkanen* und *H. L. Hergert*) 51 S., 152 Lit.;

Abschnitt 3: Dehydrierende Polymerisation und Struktur der Lignine. 4. Vorstufen und ihre Polymerisation (*K. V. Sarkanen*) 69 S., 196 Lit.; 5. Isolierung und Strukturbestimmung (*Y. Z. Lai* und *K. V. Sarkanen*) 75 S., 311 Lit.;

Abschnitt 4: Spektroskopische Charakterisierung. 6. Ultraviolett-Spektren (*O. Goldschmid*) 25 S., 111 Lit.;
7. Infrarot-Spektren (*H. L. Hergert*) 31 S., 37 Lit.; 8. Magnetische Resonanzspektren (*C. H. Ludwig*) 45 S., 85 Lit.;

Abschnitt 5: Reaktionen der Lignine. 9. Solvolyse durch Säuren und Basen (*A. F. A. Wallis*) 27 S., 104 Lit.;
10. Halogenierung und Nitrierung (*C. W. Dence*) 59 S., 281 Lit.; 11. Oxydation (*H. H. Chang* und *G. G. Allan*) 52 S., 212 Lit.; 12. Reduktion und Hydrogenolyse (*B. F. Hrutfiord*) 22 S., 49 Lit.; 13. Modifizierungsreaktionen (*G. Graham Allan*) 62 S., 439 Lit.; 14. Hochenergetischer Abbau (*G. Graham Allan* und *T. Mattila*) 21 S., 123 Lit.;

Abschnitt 6: Delignifizierung bei Zellstoffaufschlüssen. 15. Reaktionen bei Sulfitzellstoffaufschluß (*D. W. Glennie*) 40 S., 172 Lit.; 16. Reaktionen beim alkalischen Aufschluß (*I. Marton*) 55 S., 179 Lit.;

Abschnitt 7: 17. Polymereigenschaften von Lignin und Ligninderivaten (*D. A. I. Goring*) 73 S., 213 Lit.;

Abschnitt 8: Biologische Umwandlungen des Lignins. 18. Mikrobiologischer Abbau und die Humusbildung (*R. F. Christman* und *R. T. Oglesby*) 26 S., 43 Lit.;

Abschnitt 9: Ligninverwertung. 19. Niedermolekulare Chemikalien (*D. W. Goheen*) 34 S., 224 Lit.; 20. Polymere Produkte (*C. H. Hoyt* und *D. W. Goheen*) 32 S., 132 Lit.

Die umfangreichen Literaturzitate zeigen, wie gründlich die Autoren sich bemüht haben, soweit wie möglich eine vollständige Übersicht über bisher publizierte Arbeiten zu geben, wobei auf die neuesten Arbeiten besonders hingewiesen wird. Im Gegensatz zu früheren Monographien über das Lignin ist häufig eine kritische Stellungnahme über den gebotenen Stoff und eine kurze Diskussion über eine Reihe von ungelösten Problemen zu finden.

Das Buch kann jedem, der sich mit der Ligninchemie bzw. der Holzchemie beschäftigt, zur Anschaffung empfohlen werden. Gerade im Hinblick auf umweltfreundlichere Holzaufschlußverfahren, mit denen sich zur Zeit die Zellstoffindustrie sehr intensiv beschäftigt, kann die Kenntnis über die neuesten Arbeiten über das Lignin, wie sie in diesem Buch dargelegt und kritisch dazu Stellung genommen wird, eine große Hilfe sein.

Sollte in nächster Zukunft eine weitere Auflage dieses Werkes erscheinen, so wird es von Interesse sein, noch ausführlicher über das enzymatisch isloierte Lignin zu berichten, sofern Publikationen auf diesem Gebiet vorliegen.

V. Jacopian

Chemie, physikalische Chemie und Anwendungstechnik der grenzflächenaktiven Stoffe. Berichte vom VI. Internationalen Kongreß für grenzflächenaktive Stoffe, Zürich, vom 11. bis 15. September 1972. Band I und II, 1. München: Carl Hanser 1973. XI, 576 S.; XV, 415 S. Brosch. DM 298,—.

Jedes Jahr werden auf allen Gebieten der Wissenschaften internationale Kongresse abgehalten, und manch einer fragt schon, ob derartige Zusammenkünfte noch sinnvoll und notwendig sind. Der Besucher solcher Veranstaltungen ist meist kaum in der Lage, auch nur annähernd die Vorträge zu hören, die ihn interessieren und um derentwillen er den Kongreß besucht. 200 Vorträge in vier Tagen, wie dies bei dem VI. Internationalen Kongreß für grenzflächenaktive Stoffe der Fall war, machen einfach Parallelveranstaltungen notwendig, so daß es zwangsläufig zu zeitlichen Überschneidungen kommen muß. Trotz allen Fleißes wird dem Kongreßreisenden die Ausbeute durch diesen Umstand geschmälert.

Ein Argument für den Besuch solcher Veranstaltungen ist das Knüpfen persönlicher Kontakte, das Fachgespräch. Doch bei 900 Besuchern wie im vorliegenden Falle beschränkt sich dies auf den Kreis derer, die sich ohnedies auch schon kennen. So liefern solche Kongresse doch nur mehr oder weniger die Selbstdarstellung des betreffenden Verbandes.

Was man schwarz auf weiß besitzt ..., diese alte Erfahrung dokumentiert sich spätestens in der Herausgabe von zusammenhängenden Berichten solcher Kongresse. Sie dienen einem allgemeinen Informationsbedürfnis und nicht nur dem des Kongreßbesuchers, obgleich manches von dem Gebotenen über die Fachzeitschrift den Leser sicherer erreicht. Solches ist auch von den hier zu besprechenden Bändern mit sämtichen Vorträgen des VI. Internationalen Kongresses für grenzflächenaktive Stoffe zu sagen, die der Carl-Hanser-Verlag, München vorlegt. Es gibt praktisch kaum noch einen Industriezweig, in dem nicht grenzflächenaktive Substanzen verwendet, in dem applikationstechnische Probleme nicht mit Hilfe von Tensiden gelöst werden, der bei seiner wissenschaftlichen Durchdringung ohne die Anschauungen der Grenzflächenchemie und -physik auskommt. Mit 5 bis 6 Mio Tonnen im Jahr nehmen die Tenside weltweit einen beachtlichen Posten in den Produktionsziffern der chemischen Industrie ein.

Die Leser dieser Zeitschrift werden ebenfalls fast täglich in ihrer beruflichen Praxis mit den Problemen der Tensidchemie konfrontiert. Die Lektüre dieser Berichte vom VI. Internationalen Kongreß für grenzflächenaktive Stoffe wird daher für sie einen Gewinn darstellen. Das gesamte Vortragsmaterial ist mit Diskussionen gemäß der Vortragssektionen in drei Bänden untergebracht worden, wobei Band II in zwei Teilbänden erscheint, so daß dem Interessenten vier handliche Bücher zur Verfügung stehen.

Band I hat die Chemie der grenzflächenaktiven Stoffe zum Inhalt. Er umfaßt die Plenarvorträge und die Gruppen Terminologie, Konstitutionen und Eigenschaften; Synthese und Herstellung sowie Analyse der Tenside. Band II, wie gesagt vorgelegt in zwei Teilen, ist der physikalischen Chemie der grenzflächenaktiven Stoffe vorbehalten. Er gliedert sich in: Allgemeine Grundlagen und zwischenmolekulare Kräfte; Adsorption und monomolekulare Schichten (Teil 1); Grenzflächenphänomene; Kohäsion und Adhäsion; Eigenschaften der Lösung grenzflächenaktiver Stoffe sowie Mizellarstrukturen in Lösung grenzflächenaktiver Stoffe (Teil 2). Der Band III widmet sich der Anwendungstechnik grenzflächenaktiver Stoffe. In ihm sind Anwendungstechnische Meß- und Prüfmethoden, Anwendungen in der Textil-, Papier- und Lederindustrie, Anwendungen in der Agrochemie, Medizin, Biologie, Pharmazeutik, Kosmetik und Nahrungsmittelindustrie, Anwendungen in der Baumaterialindustrie, in der Metall- und Erzbehandlung, Anwendungen in der Kunststoff- und Klebstoffherstellung und andere Anwendungen sowie ökologische Fragen bei der Anwendung grenzflächenaktive Stoffe vereinigt.

Dem Rezensenten liegen der erste und zweite Band mit seinem Teil 1 vor. Der Carl-Hanser-Verlag hat die Bücher in der ihm eigenen sorgfältigen Weise ausgestattet, und obwohl das eine Buch 576 und das andere 415 Seiten umfaßt, sind sie leicht zu handhaben. Aus der Fülle des gebotenen Stoffes sollen genannt werden aus Band I: *J. Merz, L. Schibler*: Reaktivtenside, ihre Eigenschaften, Anwendung und Analyse; *B. Weibull, J. Törnquist*: Distribution of polymer homologues in ethylene oxide adducts; *K. Enderer, K. Koßwig*: Vergleichende waschtechnische Untersuchungen an Builder Modellsubstanzen; *V. Yeliseyeva*: The possible mechanism of particle formation at emulsion polymerization without emulsifier; sowie der größte Teil der 19 Vorträge, die sich mit analytischen Themen befassen. Von den Plenarvorträgen soll besonders der Beitrag von *S. Hartland*: The effect of surface active agents on the coalescence of liquid drops erwähnt werden.

Band II, Teil 1 enthält u. a. die Vorträge von *W. A. P. Luck*: Die Bedeutung der Oberflächenenergie; *V. Izmailova, P. Rehbinder, Z. Tulovskaja*: Bildung und rheologische Eigenschaften der Adsorptionsschichten grenzflächenaktiver Polymerer und Proteine an flüssigen Grenzflächen; *E. C. Lumb*: Computer simulation of adsorption of macromolecules; *K. Fukuda, Y. Shibasaki, H. Nakahara*: Polymerization of long chain monomers in monolayers and multilayers.

Bereits diese Auswahl aus den vorliegenden ersten beiden Bänden zeigt, daß auch ganz spezielle Problemkomplexe der Polymerenchemie angesprochen werden. Darüber hinaus ergeben sich aus der Fülle des Materials weitere Anregungen methodischer, meßtechnischer oder analytischer Art für das Arbeitsgebiet des hier angesprochenen Leserkreises, da ja Grenzflächenvorgänge allenthalben auftreten. So gesehen, spiegeln die Vortragsbände nicht nur die wissenschaftlichen und applikationstechnischen Aktivitäten der Tensidchemiker wider, sie vermögen vielmehr auch allen mit ihnen verbundenen Fachdisziplinen Wechselbeziehungen zu vermitteln. Es lohnt sich deshalb auch für den Fernerstehenden, sich durch ein Studium der Beiträge anregen zu lassen.

H. Schmiedeknecht

Rechtschreibung der technischen und chemischen Fremdwörter. Von *Hubert Jansen* und *Horst Mackensen.*

Zweite, neugestaltete Auflage von Dr. *Hubert Jansen's* „Rechtschreibung der naturwissenschaftlichen und technischen Fremdwörter", besorgt durch *L. Mackensen.* Hggeb. vom Verein Deutscher Ingenieure und der Gesellschaft Deutscher Chemiker 1959. Düsseldorf: VDI-Verlag, und Weinheim/Bergstr.: Verlag Chemie. 276 S. Kunststoffeinband DM 21,—.

Verfolgt man eine Reihe von Auflagen des auch für die allgemeine Schreibweise in unserer Zeitschrift gültigen „Duden", so stellt man fest, daß dessen Redaktion der Fortentwicklung der deutschen Sprache durch laufende Ergänzungen, Kenntlichmachung veralteter Schreibweisen und Einfügen von Doppelschreibweisen Rechnung zu tragen sucht. Gleiches betrifft auch die Einführung der „k" — bzw. „z"-Schreibung bei Fremdwörtern. Diese scheitert da, wo es sich um die Schreibweise wissenschaftlicher Fachwörter, insbesondere solcher aus der Chemie, handelt. Hier hat sich aus den ursprünglich z. T. willkürlich gewählten Bezeichnungen ein Nomenklatursystem entwickelt, dessen Bestandteile und Schreibweisen nicht beliebig geändert werden können, da z. B. häufig einzelne Buchstaben und Buchstabengruppen als Symbole für strukturelle Besonderheiten des zugrunde liegenden Moleküls dienen. Das ist auch der Grund, weshalb in unserer weitgehend chemische Beiträge enthaltenden Zeitschrift konsequent die sog. „c"-Schreibung angewandt wird, zumal diese vielfach der internationalen Schreibweise entspricht.

Das vorliegende, vor mehr als 60 Jahren erstmalig herausgegebene Buch dient dabei auch heute noch als wertvoller Ratgeber. Mehr als 20000 technische und chemische Fachausdrücke sind in ihm enthalten, unter Angabe der bei Fremdwörtern oft schwierigen Silbentrennung, der Betonung und etymologischer Hinweise auf Herkunft und Grundbedeutung des Wortes. Eingebürgerte Zeitschreibweisen sind — teilweise unter Hinweis auf die vorzuziehende Schreibweise — ebenfalls angegeben. Nicht nur für die Wissenschaftler, sondern für alle, die mit chemischen oder technischen Texten beruflich zu tun haben, ist das Buch ein äußerst wertvolles Nachschlagewerk.

J. Brämer

Chemical Transformations of Polymers. Plenary and main lectures at the International Conference on Chemical Transformations held in Bratislava, Czechoslovakia, 22.—24. June 1971. Hgg. von *R. Rado.* London: Butterworths 1972. VI, 300 S. Kunstlwd. £ 8,50.

Der Band enthält die Texte des Plenarvortrages und der 18 Hauptvorträge der Internationalen Konferenz über „Chemische Umwandlungen von Polymeren", die 1971 vom Polymerinstitut der Slowakischen Akademie der Wissenschaften und der Technischen Hochschule Bratislava in Bratislava veranstaltet worden war. Bei der relativ großen Zahl der Vorträge ist es kaum möglich, alle Beiträge würdigen zu wollen, die Auswahl der etwas eingehender behandelten Vorträge ist rein subjektiv.

G. Smets: Photochromic behaviour of polymeric systems and related phenomena.

Der Autor gibt zunächst eine Übersicht über die Synthese von Polyazomethinen und Azobenzoleinheiten enthaltenden Polymeren, deren Photochromie auf cis-trans-Isomerie zurückzuführen ist, sowie die Herstellung von photochromen Polythiazin-Redoxsystemen. Ausführlich werden dann Synthese und Eigenschaften von polymeren Spirobenzopyranen behandelt, deren photochromer Effekt durch eine Spaltung der C—O-Pyranbindung und anschließende coplanare Einstellung des Moleküls bedingt wird. Spiropyrangruppen enthaltende Polymere können durch Copolymerisation entsprechender ungesättigter Monomerer mit Vinylcomonomeren, Polykondensation bifunktioneller Monomerer sowie chemische Modifizierung von Polypeptiden mit reaktiven niedermolekularen photochromen Verbindungen gewonnen werden. Die Kinetik der Farbänderung dieser Polymeren wird vergleichsweise zum photochromen Verhalten entsprechender niedermolekularer Verbindungen untersucht, und Medien- sowie Struktureinflüsse werden diskutiert.

D. Braun: Darstellung, Eigenschaften und Anwendungen von stabilen Polymeren mit ungepaarten Elektronen.

Gegenwärtig sind drei verschiedene Typen von Polyradikalen (Polymere mit einer größeren Zahl von Gruppen mit ungepaarten Elektronen entlang der Polymerkette) bekannt:

neutrale Polyradikale, Polyradikalionen und polymere Elektronen-Donor-Acceptorkomplexe.

Die Herstellung der neutralen Polyradikale erfolgt überwiegend durch chemische Umsetzungen an Makromolekülen; zu dieser Gruppe gehören z. B. polymere Hydrazyle sowie Polymere mit Stickoxid-, Kohlenstoff- oder Sauerstoffradikalen. Polyradikalionen können durch Addition von Alkalimetallen an Doppelbindungen (C=C, C=O, C=N, N=N, N=O) gebildet und als Initiatoren anionischer Vinylpolymerisationen für die Herstellung von Pfropfcopolymeren, bei denen das Polyradikalion die Rückgratkette bildet, verwendet werden. Die Synthese sehr einheitlich aufgebauter Pfropfcopolymerer gelang jedoch auf diesem Wege bisher nicht. Hochmolekulare EDA-Komplexe mit weitgehendem Elektronenübergang wurden bislang nur selten beschrieben. ESR-Untersuchungen weisen aus, daß die Radikalkonzentration hier allgemein sehr niedrig sind.

Weiterhin sind folgende Vorträge enthalten:

J. Ashworth, C. H. Bamford und *E. G. Smith:* Network formation in polymeric media and some network properties;

P. J. Butigian: The decay of free radicals in polymer media;

A. Chapiro: Controlled propagation in associated monomer aggregates;

R. B. Fox: Photophysical processes and their role in polymer photochemistry;

M. A. Golub: Photochemistry of unsaturated polymers;

N. Grassie: Recent work on the thermal degradation of acrylate and methacrylate homopolymers and copolymers;

J. E. Guillet: Fundamental processes in the UV degradation and stabilization of polymers;

H. J. Heller und *H. R. Blattmann:* Some aspects of the light protection of polymers;

A. D. Jenkins: The polarity of polymer radicals;

L. D. Loan: Peroxide crosslinking reactions of polymers;

S. Okamura: Some aspects of solid state polymerization;

M. Pegorado: Modification of polymers for the preparation of semipermeable membranes;

N. A. Plate: Some problems of chemical and physical micromodification of polymer systems;

P. Rempp und *E. Franta:* Grafting and branching of polymers;

R. C. Schulz: The comparison of analogous reactions of macromolecules with low molecular models;

G. Scott: Mechanism of polymer stabilization;

K. Vesely: The role of metal compounds in the degradation of polymers.

Die Summe der genannten Vorträge vermittelt einen interessanten Überblick über eine Reihe wesentlicher Ergebnisse und von Entwicklungstendenzen innerhalb der drei thematischen Schwerpunkte der Tagung (Reaktivität und Struktur von Radikalen in Polymersystemen, Modifizierung von Polymeren durch Umwandlungsreaktionen, Abbau und Stabilisierung von Polymeren) und zeigt einmal mehr, welchen wesentlichen Anteil die Synthesechemie innerhalb der Polymerwissenschaft einnimmt. Dabei ist die Vielfalt der gebotenen Informationen so groß, daß das Buch auch dem durch den Titel nicht direkt angesprochenen Polymerchemiker zur Lektüre empfohlen werden kann.

W. Jaeger

Rasterelektronenmikroskopie — Eine Einführung für Mediziner und Biologen. Von *J. Ohnsorge* und *R. Holm.* Stuttgart: Thieme 1973. X, 121 S., Brosch. DM 68,—.

Durch ihre relativ einfache Anwendung auf fast allen Forschungsgebieten der Naturwissenschaften und Technik hat die Rasterelektronenmikroskopie in den letzten Jahren ständig an Bedeutung gewonnen.

Interessierten Lesern, die sich mit dieser physikalischen Untersuchungsmethode vertraut machen wollen, steht jetzt eine Kurzeinführung in die Problematik der Rasterelektronenmikroskopie in deutscher und englischer Sprache zur Verfügung. In dem von *J. Ohnsorge* und *R. Holm* herausgegebenen Buch wird kurz und präzise, ohne theoretischen Aufwand, eine Einführung in diese Meßmethode gegeben. Dabei werden neben dem Aufbau und der Arbeitsweise eines solchen Gerätes seine Verwendungsmöglichkeiten z. B. zur Materialanalyse angedeutet. Der Abschnitt über die notwendige Probenvorbereitung gibt dem Leser einen Einblick, wie relativ niedrig der Präparationsaufwand im Vergleich zur konventionellen Durchstrahlungselektronenmikroskopie ist und welchen Einfluß die Präparation auf die elektronenoptische Abbildung hat.

Die Vorzüge, aber auch die Grenzen des Rasterelektronenmikroskops im Vergleich zu anderen Mikroskopen, auch des Elektronenmikroskops, und zu Analysengeräten werden von den Autoren deutlich hervorgehoben, so daß dieses Buch keine falschen Vorstellungen beim Leser erweckt.

Ziel der Herausgeber ist es, den Lesern durch diese Einführung in die Lage zu versetzen, die Fachliteratur verfolgen zu können und Anregungen für die eigene Arbeit zu erhalten.

Das am Schluß des Buches gut gegliederte ausführliche Literaturverzeichnis ermöglicht es, sich in diese Untersuchungsmethode anhand der neuesten Arbeiten (bis einschließlich 1973) einzuarbeiten.

Zwar ist diese Monographie der Rasterelektronenmikroskopie (insgesamt mit 121 Seiten und 96 Abbildungen) für Mediziner und Biologen gedacht; sie gibt aber allen interessierten Lesern, die sich mit dieser Problematik beschäftigen, einen guten Einblick in die Untersuchungsmethode.

E. Schulz

Vergleichende Zugprüfungen an Einzelfasern, Faserbündeln, Garnen und Zwirnen. Von *Wolfgang Stein* und *Herbert v. d. Weyden.* Forschungsberichte des Landes Nordrhein-Westfalen. Nr. 2161. Opladen: Westdeutscher Verlag 1971. 41 S., 28 Abb., 7 Tab. Kart. DM 29,20.

Unter Berücksichtigung von 49 Literaturzitaten schildern die Verfasser zunächst in einem einführenden Kapitel die Vorteile der Zugprüfung an Faserbündeln sowie die Grenzen, die einem Vergleich mit den Ergebnissen der Einzelfaser-, der Einzelfaden- und der Fadenharfen-Prüfung gezogen sind. Ziel der Untersuchungen dieses Forschungsberichtes war es wegen der bisherigen, sehr widersprechenden Ergebnisse, Reißprüfungen sowohl an Einzelfasern als auch an Faserbündeln sowie an aus den jeweils gleichen Fasermaterialien hergestellten Garnen und Zwirnen durchzuführen und vergleichend gegenüberzustellen. Für die Bündelzugprüfung standen dafür ein Pressley-Tester, ein Stelometer, ein vom Institut für textile Meßtechnik entwickelter ITM-Bündelprüfer für 0, 10, 20 und 50 mm sowie 1/8″ Einspannlänge sowie ein Fafegraph mit Bündelklemmen zur Verfügung. Für den Einzelfaser-Zugversuch wurde ebenfalls der Fafegraph eingesetzt. Ein Uster-Dynamometer und ein Zugprüfgerät Statimat fanden für den Einzelfaden-Zugversuch Verwendung. An zu untersuchenden Faserstoffen lagen fünf verschiedene Baumwollprovenienzen, zwei rohweiße Wollen und jeweils zwei unterschiedliche Färbungen daraus sowie vier Baumwoll/Cuprama-Mischungen für die Einzelfaser- und Bündelprüfung sowie die daraus hergestellten Garne und Zwirne vor. Diese Aufstellung der Prüfgeräte und der Faserstoffe läßt den Umfang der durchgeführten Untersuchungen ermessen, zumal bei der Faserbündelprüfung

6 mal 10 Messungen je Fasermuster, Einspannlänge und Prüfgerät durchgeführt wurden. Beim Einzelfaser-Zugversuch betrug die Anzahl der Prüfungen je Faserpartie 500 und beim Einzelfaden-Zugversuch je 400. Außerdem wurden in umfangreichen Voruntersuchungen die Kraftmeßfehler beim Pressley-Test und die Einflüsse des Klemmendruckes, des Herausziehens von Fasern aus den Pressley-Klemmen sowie der Variation der Fasermasse im Bündel festgestellt.

Als für die Praxis wichtige Ergebnisse der Untersuchungen konnte nachgewiesen werden, daß der Pressley-Test durchschnittlich etwa 1 lb zu hohe Reißkraftwerte anzeigt und daß die besten Voraussagen für die Fadenfestigkeit mit dem Bündel-Zugversuch bei 10 mm Einspannlänge zu erzielen sind. *F. Winkler*

Die wichtigsten Chemiefasern. Von *Paul-August Koch* und *H. J. Stein.* Erweiterter Sonderdruck aus Textilveredlung, Weinfelden/Schweiz 7 (1972) 9. 316 S. Brosch.

Im „Vorwort und Zusammenfassung“ des vorliegenden Bandes weist *H. J. Stein* als Koordinator darauf hin, daß ähnliche Übersichten in den vergangenen Jahren von der Deutschen Rhodiaceta AG, Freiburg, in ihrem Handbuch „Chemiefasern auf dem Weltmarkt“ (letzte Ausgabe: 7. Auflage 1969) sowie von *P.-A. Koch* mit seinen bekannten Faserstoff-Tabellen“ erschienen sind. Der Verleger bemerkt, daß es ihm gelungen ist, diese Autoren zur Mitarbeit zu gewinnen.

Der Band beginnt mit der Faserstoff-Tabelle „Faserstoffe; Einteilung — Begriffserklärungen — Kurzzeichen“, neue Ausgabe März 1972, die zehn Seiten umfaßt. Es folgt die Tabelle „Synthesefasern I; Grundlagen/Aufbau, Herstellungsverfahren, Eigenschaften“, 4. ergänzte Ausgabe 1972 (9 Seiten) und „Synthesefasern II; Arten und Kenn-Merkmale, materialspezifische Daten, Typ-Reaktionen“, 10. Ausgabe März 1972 (4 Seiten). Die Güte der von *P.-A. Koch* bearbeiteten Faserstoff-Tabellen ist in Fachkreisen so bekannt, daß sich hier Worte des Lobes für diese verdienstvolle Kleinarbeit erübrigen.

Den Hauptteil des Bandes bildet die von *H. J. Stein* zusammengestellte „Alphabetische Tabelle der Handelsnamen, Faserklassen und Hersteller“, die nach Handelsnamen geordnet auf 237 Seiten in vier Spalten Angaben zu Hersteller, Klassenzugehörigkeit, Handelsname und Besonderes macht. Ihr folgt eine „Alphabetische Tabelle der Handelsname, nach Faserklassen geordnet“. Innerhalb einer Grobgliederung in PA 6, PA 6.6, PA 11 usw. sind hier nur die Handelsnamen in jeder dieser Klassen alphabetisch aufgeführt (19 Seiten). Darin ist auch eine Klasse „Kräusel-, Textur-, Stretchgarne“ mit etwa 750 Handelsnamen enthalten, die nur selten in solchen Faserstoff-Zusammenstellungen zu finden ist. In einer achtspaltigen Tabelle sind „Fasern mit speziellen Eigenschaften“ aufgeführt. Die zweite und dritte Spalte dieser nach Handelsnamen (erste Spalte) alphabetisch geordneten Tabelle enthalten den Typ und die Klassenzugehörigkeit. In den übrigen fünf Spalten (Antistatik, Antisoiling, Flammhemmend, Bodenbeläge, Bikomponentenfaser) ist zutreffendenfalls jeweils ein Kreuz eingetragen (22 Seiten). Mit einem zwölfseitigen Adressenverzeichnis der Hersteller von Chemie-Faserstoffen schließt der Band ab.

Jeder, der zu wenig bekannten Handelsnamen häufig die Faserstoffart festzustellen hat, wird die mit diesem Band geleistete umfangreiche Arbeit begrüßen. Wenn auch bereits im Vorwort darauf hingewiesen wird, daß weder Verbindlichkeiten aus der Zusammenstellung abgeleitet werden können noch Anspruch auf Vollständigkeit besteht, wird dieser Band vielen Fachkollegen eine große Hilfe sein. Für den Benutzer aus der DDR sei noch vermerkt, daß hier „Chemiefasern“ als Gattungsname anstelle der eindeutigen Bezeichnung „Chemiefaserstoffe“ verwendet wird. *F. Winkler*

Patentschau

Auszug aus der Lieferung 2/1974 der Patentschau „Faserstoffe und Textiltechnik“, Ausgabe A: Chemiefaserstoffe einschl. Kunststoffe und organ. Grundsubstanzen, zusammengestellt von der Abteilung Information und Dokumentation des Instituts für Polymerenchemie der AdW der DDR, 153 Teltow-Seehof, Kantstr. 55

Die Patentschau ist nach der Internationalen Patentklassifikation (IPC) gegliedert. Es bedeuten: DLP = DDR-Patent; DTP = Deutsches Bundespatent; DTA = (West)Deutsche Auslegeschrift; DTO = (West)Deutsche Offenlegungsschrift; OEP = Oesterreichisches Patent; POP = Polnisches Patent; CHP = Schweizer Patent; FRP = Französisches Patent; GBP = Britisches Patent; JAP = Japanisches Patent; SWP = Schwedisches Patent; SUP = Sowjetisches Patent; CSP = Tschechoslowakisches Patent; USP = Amerikanisches Patent; A. = Anmeldedatum, O. bzw. B. = Tag der Ausgabe der Patent-, Offenlegungs- bzw. Auslegeschrift.

Sektion B. Arbeitsverfahren

B 65. Fördern, Packen, Lagern; Handhaben dünner oder fadenförmiger Werkstoffe

B 65h. Behandeln von dünnem oder fadenförmigem Gut, z. B. Folien, Gewebe, Kabel

SUP 398484 (Urheberschein). Vorrichtung zur Stabilisierung der Spannung beim Aufwickeln. Erf.: *N. T. Rogov* u. 5 weitere. A. 17. 12. 71, B. 27. 9. 73. Int. Kl.: B 65h 59/00. A.-Z.: 1726679/25—27.

SUP 401624 (Urheberschein). Vorrichtung zur Regulierung der Fadenaufwickelgeschwindigkeit. Erf.: *A. A. Nikitin.* Anm.: Kalininskij politechničeskij Institut. A. 15. 4. 71, B. 12. 10. 73. Int. Kl.: B 65h 59/38. A.-Z.: 1648109/28—12.

SUP 400522 (Urheberschein). Hülse zum Aufwickeln von Garn und Fäden. Erf.: *A. I. Šamštejn, V. V. Evdokimov, G. V. Manačasvili* u. *M. I. Chudych.* Anm.: Central'nyj naučno-issledovatel'skij Institut technologičeskoj osnastki tekstil'nogo oborudovanija. A. 17. 3. 72, B. 1. 10. 73. Int. Kl.: B 65h 75/02. A.-Z.: 1759775/28—12.

Sektion C. Chemie und Metallurgie

CHEMIE

C 01. Anorganische Chemie

C 01b. Nichtmetallische Elemente, Metalloide und ihre Verbindungen, außer den unter C 01c aufgeführten

FRP 2170938 (B). Verfahren zum Beschichten von Faserstoffen, bestehend aus Garnen und Geweben, und mittels Durchführung erhaltene Produkte. Erf.: *Gilbert Kamoun* u. *Pierre Renard.* Inh.: Société Nationale Industrielle Aerospatiale. A. 9. 2. 72, B. 26. 10. 73. Int. Kl.: D 06m 11/00, C 01b 31/00, C 23b 5/00. A.-Z.: 7204282.

C 03. Glas; Mineral- und Schlackenwolle

C 03b. Herstellung, Formgebung und Nachbehandlungsverfahren

USP 3733188. Verfahren und Vorrichtung zur Herstellung von Glasfasern. Erf.: *Thomas H. Jensen.* Inh.: PPG Industries, Inc., Pittsburgh, Pa. A. 4. 5. 71, B. 15. 5. 73. Kl.: 65-2, Int. Kl.: C 03b 37/02. 15 Anspr. A.-Z.: 140220 (Zus. z. Pat. m. A.-Z.: 779684, 779940 u. 779941. A. 29. 11. 68). A.-Z.: 779684 entspr. GBP 1261619. Entspr. DTO 1959461.

USP 3733189. Verfahren und Vorrichtung zur Herstellung von Glasfasern. Erf.: *George B. Zurheide* u. *Robert G. Shealy.* Inh.: PPG Industries, Inc., Pittsburgh, Pa. A. 10. 3. 71, B. 15. 5. 73. Kl.: 65-11 R, Int. Kl.: C 03b 37/02, 5/16. 9 Anspr. A.-Z.: 123022 (Zus. z. Pat. m. A.-Z.: 729044. A. 14. 5. 68). A.-Z.: 729044 entspr. DTO 1922724.

C 07. Organische Chemie

C 07c. Acyclische und carbocyclische Verbindungen

USP 3736354. Verfahren zur Herstellung von Acrylsäure. Erf.: *Masaya Yanagita, Masao Kitahara* u. *Yoshimichi Abe.* Inh.: Rikagaku Kenyusho, Saitama-ken (JA). A. 8. 5. 69, B. 29. 5. 73. Kl.: 260-530 N, Int. Kl.: C 07c 51/26. 9 Anspr. A.-Z.: 823112. Prior.: 13. 5. 68, 12. 6. 68 (JA; A.-Z.: 43/32102, 43/89358). Entspr. DTO 1924496 u. FRP 2009880.

SUP 399110. Verfahren zur Herstellung von Hexamethylendiamin. Erf.: *Gastone Bartalini* u. *Mario Giuggioli* (IT). Anm.: Societa Rhodiatoce S.p.A. (IT). A. 6. 11. 70, B. 27. 9. 73. Int. Kl.: C 07c 87/14. A.-Z.: 1490741 23—4. Prior.: 7. 11. 69 (IT; A.-Z.: 53940-A/69).

C 07d. Heterocyclische Verbindungen, die nur Sauerstoff als Heteroatom oder -atome enthalten

JAP 7310476. Caprolactamrückgewinnung aus Polyamid-6-Abfällen. Erf.: *Kaichi Munechika.* Inh.: Toyobo Co. Ltd. A. 4. 2. 69, B. 3. 4. 73. Kl.: C 07d, B 01d. A.-Z.: 6908341.

JAP 7310478. Herstellung von Caprolactam aus Cyclohexanonoxim durch Gasphasenumlagerung. Erf.: *Kazuo Yoshida, Kyonosuke Fujiki, Tomoharu Harada, Yoshikiyo Moroi* u. *Tadashige Yamaguchi.* Inh.: Mitsubishi Chemical Industries Co. Ltd. A. 18. 4. 69, B. 3. 4. 73. Int. Kl.: C 07d, B 01j. A.-Z.: 6930106.

C 08. Makromolekulare Verbindungen; ihre Herstellung und chemische Verarbeitung; auf diesen Verbindungen beruhende Gemische

C 08f. Polymerisationsprodukte

CHP 543544. Verfahren zur Massenpolymerisation von Acrylnitril. Erf.: *Paolo Melacini, Luigi Patron, Alberto Moretti* u. *Raffaele Tedesco.* Inh.: „Chatillon" Soc. An. Italiana per le Fibre Tessili Artificiali S.p.A., 7–13, Via Conservatorio, Mailand (IT). A. 28. 4. 71. Int. Kl.: C 08f 1/04, 3/76, 15/00. A.-Z.: 6237/71. Prior.: 28. 4. 70 (IT; A.-Z.: 23963 A/70). Entspr. DLP 93633, DTO 2120337 u. FRP 2090767.

CHP 543546. Katalytisches System für die Polymerisation von α-Olefinen. Erf.: *Jean-Pierre Hermans* u. *Paul Henrioulle.* Inh.: Solvay & Cie. Soc. An., 33, Rue du Prince Albert, Brüssel (BE). A. 15. 2. 72. Int. Kl.: C 08f 1/42, 3/02. A.-Z.: 2149/72. Prior.: 23. 3. 71, 17. 8. 71, 8. 10. 71 (LU; A.-Z.: 62841, 63732, 64034). Entspr. DLP 96073 u. FRP 2130231.

USP 3736306. Polymerisation von Vinylchlorid mit Mischungen von Peroxid-Initiatoren. Erf.: *Rupert E. Light jr.* Inh.: Pennwalt Corp., Philadelphia, Pa. A. 14. 9. 70, B. 29. 5. 73. Kl.: 260-87.1, Int. Kl.: C 08f 1/60. 18 Anspr. A.-Z.: 72148.

DTO 2323126. Verfahren zu der Herstellung von Polybutylen-1. Erf.: *Henricus Maria Johannes Cornelius Creemers.* Anm.: Stamicarbon B. V., Geleen (NL). A. 8. 5. 73, B. 29. 11. 73. Kl.: 39b4, 3/12, Int. Kl.: C 08f 3/12. A.-Z.: P 2323126. Prior.: 10. 5. 72 (NL; A.-Z.: 7206290).

SUP 402224. Verfahren zur Herstellung von Polyolefinen. Erf.: *Shuntaro Sasaki, Shigeru Wada, Dadao Iwata* u. *Shidesaburi Oi* (JA). Anm.: Mitsui Petrochemical Industries, Ltd. (JA). A. 21. 12. 67, B. 12. 10. 73. Int. Kl.: C 08f 3/02, 15/00. A.-Z.: 1205238/23-5. Prior.: 23. 12. 66 (JA; A.-Z.: 83898/66). Entspr. DTA 1745156, FRP 1557824, GBP 1187240 u. USP 3536686.

GBP 1335887. Polymerisation von α-Olefinen. Inh.: Montecatini Edison S.p.A. A. 26. 10. 71, B. 31. 10. 73. Kl.: C3.P, Int. Kl.: C 08f 3/08. A.-Z.: 49725/71. Prior.: 29. 10. 70 (IT; A.-Z.: 89563). Entspr. DTO 2153520 u. FRP 2113313.

SUP 398562 (Urheberschein). Verfahren zur Herstellung von Copolymeren. Erf.: *N. V. Mejja* u. *V. I. Nesterova.* A. 14. 3. 72, B. 27. 9. 73. Int. Kl.: C 08f 15/36, 15/40. A.-Z.: 1758541/23–5.

USP 3736304. Herstellung von Polymeren aus Acrylnitril und einem tert.-Aminoalkylester einer ungesättigten Säure. Erf.: *James C. Masson* u. *Lester A. Self.* Inh.: Monsanto Co., St. Louis, Mo. A. 27. 8. 71, B. 29. 5. 73. Kl.: 260-85,5 R, Int. Kl.: C 08f 15/22. 8 Anspr. A.-Z.: 175712. Entspr. DTO 2241914.

DTO 2323635. Polymerisatlegierung mit einer Phosphor und Halogen enthaltenden Polymerenkomponente. Erf.: *Joseph Jagur Grodzinsky* u. *David Vofsi.* Anm.: Yeda Research and Development Co., Ltd., Rehovot (IL). A. 10. 5. 73, B. 29. 11. 73. Kl.: 39b4, 27/00, Int. Kl.: C 08f 27/00. A.-Z.: P 2323635. Prior.: 12. 5. 72 (IL; A.-Z.: 39426).

USP 3736310. Verfahren zur Herstellung von Dihydropyridazenpolymeren, ohne intermolekulare Vernetzungen. Erf.: *Klaus Hannes Gump* u. *Dagobert Engelbert Stuetz.* Inh.: Celanese Corp., New York, N. Y. A. 10. 11. 70, B. 29. 5. 73. Kl.: 260-88,7 R, Int. Kl.: C 08f 3/76, 15/22, 27/00. 12 Anspr. A.-Z.: 88489.

USP 3734978. Blockcopolymerisation von Polystyrol, das durch anionische Suspensionspolymerisation hergestellt wurde. Erf.: *Frederick C. Schwab.* Inh.: Mobil Oil Corp. A. 12. 5. 71, B. 22. 5. 73. Kl.: 260-878 B, Int. Kl.: C 08f 19/00. 8 Anspr. A.-Z.: 142774. Entspr. DTO 2222957.

SUP 399512 (Urheberschein). Polymerkomposition auf der Basis von Polyvinylchlorid. Erf.: *G. A. Razuvaev* u. 5 weitere. A. 14. 4. 71, B. 3. 10. 73. Int. Kl.: C 08f 29/24. A.-Z.: 1647116/23–5.

USP 3734979. Form- und Preßteile aus Polymermischungen von Polyolefinen und Lactonpolymeren. Erf.: *Joseph Victor Koleske* u. *Earl Richard Walter.* Inh.: Union Carbide Corp., New York N. Y. A. 30. 12. 70, B. 22. 5. 73. Kl.: 260-897 R, Int. Kl.: C 08f 29/12. 18 Anspr. A.-Z.: 102921 (Zus. z. Pat. m. A.-Z.: 812427. X. 1. 4. 69). Vgl. auch USP 3111357. A.-Z.: 812427 entspr. DTO 2015262, FRP 2042813 u. GBP 1309642.

USP 3730929. Gegen Ausblühen inhibierte flammhemmende Kompositionen. Erf.: *Michael Joseph Breza.* Inh.: Cities Service Co., New York, N. Y. A. 30. 4. 71, B. 1. 5. 73. Kl.: 260-23 H, Int. Kl.: C 08f 45/58. 10 Anspr. A.-Z.: 139256.

C 08g. Polykondensations- und Polyadditionsprodukte

GBP 1335594. Einen Diketopiperazinring enthaltende Verbindungen und Verfahren zu ihrer Herstellung. Inh.: Snam Progetti S.p.A. A. 19. 4. 71, B. 31. 10. 73. Kl.: C3.R, C2.C, Int. Kl.: C 08g 9/24, 17/04, 20/20, 22/16, 33/02, C 07c 101/22, 101/30, C 07d 5/06, 51/66. A.-Z.: 25978/71. Prior.: 2. 4. 70 (IT; A.-Z.: 22803). Entspr. DTO 2116262 u. FRP 2092556.

JAP 7321792. Suspensionspolymerisation von Oxymethylenen durch Strahlung. Erf.: *Akira Shimizu, Koichi Nishimura, Akihiko Ito, Tadashi Iwai* u. *Koichiro Hayashi.* Inh.: Japan Atomic Energy Research Institute. A. 23. 7. 71, B. 19. 3. 73. Kl.: 26(5) B 1. A.-Z.: 7154574.

DTO 2224255. Sauer modifizierte Polyterephthalsäureester. Erf.: *Eduard Radlmann, Eugen Velker, Francis Bentz* u. *Günther Nischk.* Anm.: Bayer AG, 5090 Leverkusen (DT). A. 18. 5. 72, B. 29. 11. 73. Kl.: 39b5, 17/003, Int. Kl.: C 08g 17/003. A.-Z.: P 2224255.

JAP 7328097. Polyester. Erf.: *Nobuyuki Muramoto* u. *Akira Yamamoto.* Inh.: Toyobo Co. Ltd. A. 13. 8. 71, B. 13. 4. 73. Kl.: 26(5) D 122.2. A.-Z.: 7161868.

USP 3734891. Umesterungskatalysatoren für die Herstellung von Poly-(C_4- bis C_{12}-Alkylen)terephthalat. Erf.: *William N. Knopka.* Inh.: FMC Corp., Philadelphia, Pa. A. 24. 5. 71, B. 22. 5. 73. Kl.: 260-75 R, Int. Kl.: C 08g 17/13, 17/15. 18 Anspr. A.-Z.: 146484. Entspr. DTO 2221501 u. FRP 2138728.

DTO 2321176. Fluorenthaltende elastomere Polyamide und Verfahren zu ihrer Herstellung. Erf.: *Gerardo Kaporiccio, Ezio Strepparola* u. *Gianangelo Bargigia.* Anm.: Montecatini Edison S.p.A., Mailand (IT). A. 26. 4. 73, B. 8. 11. 73. Kl.: 39b5, 20/20, Int. Kl.: C 08g 20/20. A.-Z.: P 2321176. Prior.: 26. 4. 72 (IT; A.-Z.: 23548 A/72).

GBP 1332601. Verfahren zur Herstellung wärmebeständiger Polyamide oder Polyamidschaumstoffe. Inh.: Licencia Talalmanyokat Ertekesito Vallalat. A. 10. 2. 71, B. 3. 10. 73. Kl.: C3.R, C3.C, Int. Kl.: C 08g 20/18. A.-Z.: 4380/71.

USP 3730941. Polyimide von Tetrahydrofuran-2,3:4,5-tetracarbonsäuredianhydriden. Erf.: *William M. Alvino.* Inh.: Westinghouse Electric Corp., Pittsbargh, Pa. A. 9. 8. 71, B. 1. 5. 73. Kl.: 260-47 CP, Int. Kl.: C 08g 20/32. 10 Anspr. A.-Z.: 170274. Entspr. DTO 1520520, FRP 1466220 u. GBP 989911.

DTO 2221751. Polyurethanharnstoffelastomere. Erf.: *Josef Pedain, Klaus Noll, Klaus König* u. *Wilhelm Thoma.* Anm.: Bayer AG, 5090 Leverkusen (DT). A. 4. 5. 72, B. 15. 11. 73. Kl.: 39b5, 22/00, Int. Kl.: C 08g 22/00. A.-Z.: P 2221751.

USP 3736296 (ausgesch. aus Pat. 3681456. A. 26. 5. 69. A.-Z.: 827989). Kettenverlängerer fur Urethanelastomere Erf.: *Gayle Dameron Edwards* u. *Philip Hotchkiss Moss.* Inh.: Jefferson Chemical Co., Inc., Houston, Tex. A. 2. 8. 71, B. 29. 5. 73. Kl.: 260-77,5 AQ, Int. Kl.: C08g 22/16. 2 Anspr. A.-Z.: 168840.

USP 3734888. Polyketale von aromatischen Polyketonen. Erf.: *Roland Darms.* Inh.: E. I. du Pont de Nemours and Co., Wilmington, Del. A. 7. 10. 71, B. 22. 5. 73. Kl.: 260-47 R, Int. Kl.: C08g 23/20. 6 Anspr. A.-Z.: 187509. Vgl. auch USP 3244688.

USP 3730946. Verfahren zur Herstellung von Cyanoaryloxypolymeren und daraus erhaltene Produkte. Erf.: *Darrell R. Heath* u. *Joseph G. Wirth.* Inh.: General Electric Co. A. 20. 1. 71, B. 1. 5. 73. Kl.: 260-47 R, Int. Kl.: C 08g 25/00. 19 Anspr. A.-Z.: 108152. Entspr. GBP 1331582.

JAP 7322793. Schmälzkompositionen für Faserstoffe. Erf.: *Heiji Arimoto, Hiroyuki Uejima, Minoru Nishinohara, Toshio Fujimaru* u. *Mutsunori Yamao.* Inh.: Unitika Co. Ltd. A. 29. 7. 71, B. 23. 3. 73. Kl.: 48 DO, 48 DO 1. A.-Z.: 7157007.

SUP 400114. Verfahren zur Herstellung polymerer Produkte zum Imprägnieren fasriger Materialien. Erf.: *Alberto Deflorin* (CH); *Heinz Abel* (DT); *Alfred Berger, Richard Kasti* (CH) u. *Rosemarie Toepfl* (DT). Anm.: Ciba-Geigy AG (CH). A. 8. 8. 69, B. 3. 10. 73. Int. Kl.: C 08g 30/14, D 06m 15/52. A.-Z.: 1357442/23-5. Prior.: 8. 8. 68 (CH; A.-Z.: 11948/68). Entspr. USP 3647728.

GBP 1335186. Verfahren zur selektiven Alkylierung von Polyalkylenpolyaminen. Inh.: Dow Chemical Co. A. 16. 11. 70, B. 24. 10. 73. Kl.: C2.C, C3.R, Int. Kl.: B. 24. 10. 73. Kl.: C 07c 87/20, C 08g 33/08. A.-Z.: 54336/70.

USP 3733304. Arylsulfatpolymere und Verfahren zu deren Herstellung. Erf.: *William Charles Firth jr.* Inh.: American Cyanamid Co., Stamford, Conn. A. 1. 4. 71, B. 15. 5. 73. Kl.: 260-49, Int. Kl.: C 08g 33/14. 10 Anspr. A.-Z.: 130528.

GBP 1334857. Thermoplastpolymermischungen. Inh.: Imperial Chemical Industries Ltd. A. 7. 5. 70, B. 24. 10. 73. Kl.: C3.R, Int. Kl.: C 08g 41/02, 43/02, 49/04, 41/04. A.-Z.: 22127/70. Entspr. FRP 2088399.

FRP 2171850 (B). Filmbildende Polyesterkomposition sowie aus dieser Komposition erhaltene Faserstoffe. Erf.: *Hideo Komatsu, Sadao Yuguchi, Masamitsu Tanimura* u. *Hiroshi Matsukawa.* Inh.: Toray Industries Inc. A. 29. 7. 71, B. 2. 11. 73. Int. Kl.: C 08g 17/00, 53/00. A.-Z.: 7127884. Prior.: 30. 7. 70 (JA; A.-Z.: 66088/70). Entspr. DTO 2138007, GBP 1302509 u. USP 3705130.

SWP 361892. Verfahren zur Herstellung eines Materials mit Ionenaustauschereigenschaften auf Basis von faserigem Cellulosematerial. Erf.: *J. A. Church.* Inh.: American Can Co., Greenwich, Conn. (US). A. 30. 11. 70, B. 19. 11. 73. Int. Kl.: C 08j 1/34. A.-Z.: 16188/70.

C 08k. Zusatzstoffe für allgemeine Anwendung

USP 3733297 (Zus. z. Pat. 3629322. A. 17. 2. 69, B. 21. 12. 71. A.-Z.: 800007). Organische Ester und deren Verwendung als UV-Absorber und Wärmestabilisatoren. Erf.: *Stanley J. Buckman, Kenneth J. Flanagan, John D. Pera* u. *Lester A. Wienert.* Inh.: Buckman Laboratories, Inc., Memphis, Tenn. A. 7. 5. 71, B. 15. 5. 73. Kl.: 106-178, Int. Kl.: C 08f 45/58, C 08g 51/58, C 08b 27/66. 23 Anspr. A.-Z.: 141442. A.-Z.: 800007 entspr. FRP 2031452, GBP 1240395 u. SUP 360777.

Sektion D. Textilien und Papier

TEXTILIEN

D 01. Natürliche oder künstliche Fäden oder Fasern; Spinnen

D 01d. Mechanische Verfahren und Vorrichtungen für die Herstellung von künstlichen Fäden, Gespinsten, Fasern, Borsten oder Bändern

GBP 1336144. Verfahren und Vorrichtung zur Herstellung von Verbundfäden. Inh.: Imperial Chemical Industries Ltd. A. 19. 4. 71, B. 7. 11. 73. Kl.: B5.B, Int. Kl.: D 01d 3/00. A.-Z.: 7387/70 (verw. Anm. m. A.-Z.: 7388. A. 16. 2. 70; u. 26320. A. 1. 6. 70). A.-Z.: 26320 entspr. DTO 2126716 u. FRP 2095707. Entspr. DTO 2107367 u. FRP 2080539.

DTO 2326837. Verfahren zur Herstellung von faserförmigen verstreckten Gebilden aus polymeren Substanzen. Erf.: *Gino Pagano, Pierluigi Vanoni, Fabricio D'Amico* u. *Giancarlo Serboli.* Anm.: Anic S.p.A., Palermo (IT). A. 25. 5. 73, B. 29. 11. 73. Kl.: 29a, 6/31, Int. Kl.: D 01 5/12. A.-Z.: P 2326837. Prior.: 26. 5. 72, 1. 8. 72 (IT; A.-Z.: 24879/A/72, 27739 A/72).

USP 3730916. Verfahren zur Behandlung mikrocellulärer polymerer Stapelfasern, um sie aufblähbar zu machen. Erf.: *Arthur William Etchells III.* Inh.: E. I. du Pont de Nemours and Co., Wilmington, Del. A. 13. 7. 71, B. 1. 5. 73. Kl.: 260-2,5 N, Int. Kl.: C 08j 1/26. 6 Anspr. A.-Z.: 162281.

USP 3730959. Herstellung von Hochdruckverschlüssen für mit Wasser ins Gleichgewicht gebrachte Faserbündel. Erf.: *Charles Russell Horres jr.* u. *Richard L. Leonard.* Inh.: The United States of America, Secretary of the Interior. A. 8. 7. 71, B. 1. 5. 73. Kl.: 264-263, Int. Kl.: B 29d 3/02, 27/00. 12 Anspr. A.-Z.: 160668.

USP 3734986. Verfahren zur Herstellung von Polyamidfasern mit verbessertem seidigem Griff und Glanz. Erf.: *Tetsuya Kato, Toshiaki Hidaka* u. *Chikatsu Okagawa.* Inh.: Toray Industries, Inc., Tokio (JA). A. 31. 7. 70, B. 22. 5. 73. Kl.: 264-49, Int. Kl.: B 29d 27/00, D 01d 5/08, 5/12. 10 Anspr. A.-Z.: 60029.

D 01f. Chemische Gesichtspunkte bei der Herstellung von künstlichen Fäden, Gespinsten, Fasern, Borsten oder Bändern

JAP 7208179. Modifizieren von Polyamidfaserstoffen mit Phosphit/Diarylguanidin-Addukten. Erf.: *Hakuro Kimura, Akio Furushita, Tadashi Taniguchi* u. *Kazunari Kudo.* Inh.: Unitika Co. Ltd. A. 28. 4. 67, B. 8. 3. 72. Int. Kl.: D 01f, C 08g, k. A.-Z.: 6727415.

JAP 7322711. Acetatfaserstoffe mit licht- und feuchteempfindlichen Farbtönen. Erf.: *Toshio Yoshihara, Kazunori Kagawa* u. *Hisanori Yoshinaga.* Inh.: Mitsubishi Rayon Co. Ltd. A. 3. 8. 71, B. 23. 3. 73. Kl.: 42 C 12. 42 G 0. A.-Z.: 7157941.

FRP 2173160 (B). Verfahren zur Herstellung von Faserstoffen aus Polymermaterialien, die für die Papierzellstofferzeugung geeignet sind. Erf.: *Paolo Galli* u. *Paolo Parrini.* Inh.: Montecatini Edison S.p.A. A. 22. 2. 73, B. 9. 11. 73. Int. Kl.: D 01f 1/00, D 21h 5/12, C 08f 47/12. A.-Z.: 7306243. Prior.: 25. 2. 72, 30. 1. 73, 1. 2. 73 (IT; A.-Z.: 21055 A/72, 19786 A/73, 19821 A/73). Entspr. DTO 2308996.

JAP 7220404. Synthetisches Papier mit guter Ölabsorption und Farbaffinität. Erf.: *Kazuharu Aoki, Yasuo Urata, Hiromu Takeda, Kenji Fujisawa* u. *Masanobu Morikawa*. Inh.: Toray Industries, Inc. A. 23. 2. 71, B. 29. 9. 72. Kl.: 39 CO, 39 B 1. A.-Z.: 718363.

JAP 7333117. Polyxylylenadipamidfäden. Erf.: *Shigeru Harada* u. *Tooru Ishibashi*. Inh.: Toyobo Co. Ltd. A. 28. 8. 71, B. 8. 5. 73. Kl.: 42 D 11. A.-Z.: 7166133.

JAP 7345654. Protein/Acrylnitril-Mischfäden. Erf.: *Kazuto Hamada, Akira Yamamoto, Masayasu Yamaguchi* u. *Jitsumi Takada*. Inh.: Toyobo Co. Ltd. A. 18. 10. 71, B. 29. 6. 73. Kl.: 44 A0, 42 D 24, 42 F0. A.-Z.: 7182664.

JAP 7335113. Potentiell kräuselbare Polyamidmischfäden. Erf.: *Koichi Matsuya* u. *Koji Kifune*. Inh.: Unitika Co. Ltd. A. 7. 9. 71, B. 23. 5. 73. Kl.: 42 A 425, 42 D 11. A.-Z.: 7169076.

SUP 400632 (Urheberschein). Verfahren zur Herstellung eiweißhaltiger, synthetischer Faserstoffe. Erf.: *P. M. Aširov, E. P. Bojčuk* u. *N. P. Kuš*. Anm.: Tadžikskij gosudarstvennyj universitet. A. 3. 5. 71, B. 1. 10. 73. Int. Kl.: D 01f 7/06. A.-Z.: 1652571/23 – 5.

D 02. Garne; mechanische Veredlung von Garnen oder Seilen; Schären oder Bäumen

D 02g. Kräuseln oder Krimpfen (Texturieren) von Fasern, Fäden, Zwirnen oder Garnen; Garne oder Zwirne

FRP 2167649 (B). Vorrichtung zum Texturieren synthetischer Fäden. Erf.: *Luciano Savio*. Inh.: Officine Savio S.p.A. A. 3. 1. 73, B. 28. 9. 73. Int. Kl.: D 02g 1/04. A.-Z.: 7300163. Prior.: 3. 1. 72 (IT; A.-Z.: 83304 A/72). Entspr. DTO 2263504.

FRP 2172500 (B). Verfahren und Vorrichtung zur Texturierung eines Fadens durch Aufprallen sowie danach erhaltenes Produkt. Inh.: Uniroyal Inc. A. 15. 2. 72, B. 2. 11. 73. Int. Kl.: D 02j 1/00, D 02g 1/00. A.-Z.: 7205020.

JAP 7322740. Kräuseln thermoplastischer Fäden mit heißer komprimierter Luft. Erf.: *Tsutomu Nakamura, Yoshihiko Maezawa, Tetsuo Makino* u. *Fuminori Honda*. Inh.: Teijin Ltd. A. 29. 7. 71, B. 23. 3. 73. Kl.: 44 A 8. A.-Z.: 7157016.

JAP 7322744. Polyamid- oder Polyesterfäden mit gekräuselten und nichtgekräuselten Segmenten. Erf.: *Masao Yamakami, Kunitoshi Hotta, Toshio Shioda* u. *Minora Shigeki*. Inh.: Hotta Textile Industry Co. Ltd. A. 3. 8. 71, B. 23. 3. 73. Kl.: 44 A 8. A.-Z.: 7157921.

JAP 7328756. Gekräuselte Polyesterfäden mit flachem Querschnitt. Erf.: *Takeshi Nishida* u. *Koji Iuchi*. Inh.: Kanegafuchi Co. Ltd. A. 23. 8. 71, B. 16. 4. 73. Kl.: 44 A 86, 42 A 424, 42 A 425. A.-Z.: 7164291.

USP 3729914. Bandbehandlung. Erf. u. Inh.: *Charles A. McClare*, R. D. 2, Malvern, Pa. A. 8. 6. 71, B. 1. 5. 73. Kl.: 57-34 HS, Int. Kl.: D 02g 1/00. 17 Anspr. A.-Z.: 150962.

USP 3732684. Produkt und Verfarhen. Erf.: *Tibor Csok* u. *Karl Franz*. Inh.: E. I. du Pont de Nemours and Co., Wilmington, Del. A. 23. 2. 71, B. 15. 5. 73. Kl.: 57-140 BY, Int. Kl.: D 02g 1/20, 3/04, 3/24. 9 Anspr. A.-Z.: 118032.

USP 3733659. Vorrichtung zum Kräuseln thermofixierbarer Faserstoffe. Erf.: *Ashley P. Smith*. Inh.: Northrop Carolina, Inc., Swannanoa, N. C. A. 5. 4. 71, B. 22. 5. 73. Kl.: 28-1,7, Int. Kl.: D 02g 1/12. 2 Anpsr. A.-Z.: 130934.

FRP 2167897 (B). Verfahren und Vorrichtung zur Herstellung von Verbundfäden, besonders aus Glas. Inh.: Saint-Gobain Industries u. Vetreria Italiana Balzaretti Modigliani S.p.A. A. 10. 1. 73, B. 28. 9. 73. Int. Kl.: D 02g 3/00, B 65h 54/00, D 02g 1/16. A.-Z.: 7300737. Prior.: 12. 1. 72 (IT; A.-Z.: 19278 A/72).

FRP 2169097 (B). Verfahren zur Herstellung von Fäden aus Kunststoff Inh.: Adriano Gardella S.p.A. A. 19. 1. 73, B. 12. 10. 73. Int. Kl.: D 02g 3/22, 3/02, D 01h 1/06. A.-Z.: 7301915. Prior.: 22. 1. 72 (IT; A.-Z.: 12427 A/72).

GBP 1332792. Herstellung von Fäden. Inh.: James Mackie & Sons Ltd. A. 12. 3. 70, B. 3. 10. 73. Kl.: D1.F, D1.N, Int. Kl.: D 02g 3/00, D 01h 5/06. A.-Z.: 11980/70.

SUP 400635 (Urheberschein). Verfahren zur Herstellung selbstgedrehter Garne. Erf.: *P. M. Moršovič* u. 8 weitere. Anm.: Vsesojuznyj naučnoissledovatel'skij Institut legkogo i tekstil'nogo mašinostroenija A. 1. 10. 71, B. 1. 10. 73. Int. Kl.: D 02g 3/26. A.-Z.: 1702527/28 – 12.

USP 3729920. Neuartige Textilgarne. Erf.: *Leslie W. Sayers, Jeffery W. Barnes* u. *Norman Jackson*. Inh.: Courtaulds Ltd., London (GB). A. 6. 3. 70, B. 1. 5. 73. Kl.: 57-144, Int. Kl.: D 02g 3/02, 3/38. 4 Anspr. A.-Z.: 17315.

USP 3735579. Bindfaden. Erf.: *Peter V. Catlos*. Inh.: Ferplas Industries Ltd., Huron Park, Ontario (CA). A. 5. 11. 70, B. 29. 5. 73. Kl.: 57-155, Int. Kl.: D 02g 3/02, 3/04, 3/08. 10 Anspr. A.-Z.: 87295.

D 02j. Veredeln oder Ausrüsten von Fäden, Garnen, Zwirnen, Schnüren, Seilen od. dgl.

DTO 2222358. Streckwerk für Synthesefasern. Erf. nicht genannt. Anm.: Vepa AG, Basel (CH). A. 6. 5. 72, B. 22. 11. 73. Kl.: 29a, 6/31, Int. Kl.: D 02j 1/22. A.-Z.: P 2222358.

CHP 543616. Streckrolle, insbesondere für Streckzwirn-, Streckspul- und und Spinnstreckspulmaschinen. Erf.: *Felix Graf, Kurt Halblützel* u. *Armin Wirz*. Inh.: Maschinenfabrik Rieter AG, Winterthur (CH). A. 5. 10. 71. Int. Kl.: D 02j 13/00. A.-Z.: 14442/71. Entspr. DTO 2248887.

PAPIER

D 21. Papierherstellung; Gewinnung von Cellulose bzw. Zellstoff

D 21c. Gewinnung von Cellulose durch Abscheiden nichtcelluloseartiger Substanzen von cellulosehaltigen Stoffen; Wiedergewinnung der Zellstoffablaugen; Vorrichtungen dafür

FRP 2171111 (B). Verfahren zum Entlignifizieren von Celluloserohstoffen. Erf.: *Louis Atwater* u. *William Marvin Copa*. Inh.: Sterling Drug Inc. A. 31. 1. 73, B. 26. 10. 73. Int. Kl.: D 21c 1/06. A.-Z.: 7303323. Prior.: 7. 2. 72 (US; A.-Z.: 224340). Entspr. DTO 2304409.

USP 3733247. Bleichen von Cellulosefasern mit einer wäßrigen Lösung eines wasserlöslichen Hydroperoxypentacyanocobaltats. Erf.: *John Allan Fetchin*. Inh.: American Cyanamid Co., Stamford, Conn. A. 18. 11. 71, B. 15. 5. 73. Kl.: 162-78, Int. Kl.: D 21c 9/16. 10 Anspr. A.-Z.: 200163.

USP 3736224. Katalysierte Sauerstoffbleiche. Erf.: *Martin Grayson* u. *Charles Edward Farley*. Inh.: American Cyanamid Co., Stamford, Conn. A. 16. 6. 71, B. 29. 5. 73. Kl.: 162-65, Int. Kl.: D 21c 9/10. 12 Anspr. A.-Z.: 153679.

Sektion G. Physik

G 01. Messen; Prüfen

G 01 n. Unterzuchen der chemischen oder physikalischen Eigenschaften von Stoffen

SUP 399766 (Urheberschein). Verfahren zur Bestimmung der spezifischen Oberfläche fasriger Materialien. Erf.: *N. F. Merinov, V. A. Zaprudnov* u. *E. E. Ivanov*. Anm.: Sverdlovskij ordena Trudovogo Krasnogo Znameni gornyi Institut im. V. V. Vachruševa. A. 26. 11. 71, B. 3. 10. 73. Int. Kl.: G 01n 13/00, C 01n 33/38. A.-Z.: 1717887/29 – 33.

Literaturschau

Auszug aus Lieferung 4 und 5/1974 der Literaturschau „Faserstoffe und Textiltechnik" zusammengestellt von der Abteilung Information und Dokumentation des Instituts für Polymerenchemie der AdW der DDR, 153 Teltow-Seehof, Kantstr. 55

I. Polymerwissenschaft

Analyse- und Untersuchungsmethoden

Gronski, W., Klesper, E., Cantow, H.-J.: Allgemeine Statistik und Markov-Statistik von binären Vinylcopolymeren mit asymmetrischen α-Kohlenstoffatomen. J. Polymer Sci.: Polymer Symposia (1973) 42 (Teil I), S. 217 – 229.

Iwata, K.: Irreversible statistische Mechanik von Polymerketten. III. Ein dynamisches Modell von Vinylpolymeren. J. chem. Physics **58** (1973) 10 (Teil I), S. 4184 – 4202.

Serdjuk, I. N, Fedorov, B. A. (Schreibw. i. Orig.: *Serdyuk, I. N.*): Eine neue Methode zur Strukturuntersuchung von Blockcopolymeren in Lösung. J. Polymer Sci.: Polymer Letters Ed. **11** (1973) 10, S. 645 – 649.

John, K., Gruber, E., Ulubay, H., Schurz, J.: Chemische Charakterisierung von Hochpolymeren. III. Eine spezielle Färbetechnik zur Sichtbarmachung von Carboxylgruppen im Elektronenmikroskop. Papier **28** (1974) 1, S. 6 – 8.

Frémont-Lamouranne, R., Bretey, E., Guérin, H., Masson, J., Grillet, Y.: Über Fehlerursachen bei der Bestimmung von kinetischen Parametern verschiedener Reaktionen durch thermogravimetrische Analyse. J. thermal Anal., London/Budapest **5** (1973) 5/6, S. 625 – 635. (franz.).

Sze, N. H., Meaden, G. T.: Eine neue Methode der Differentialthermoanalyse: Theorie und Praxis. J. thermal Anal., London/Budapest **5** (1973) 5/6, S. 533 – 550.

Kamide, K., Miyazaki, Y., Yamaguchi, K.: Arbeitsbedingungen für die sukzessive Fällungsfraktionierung von Makromolekülen. 1. Präparative Fraktionierung. 2. Analytische Fraktionierung. Makromol. Chemie **173** (1973) S. 157 – 174; 175 – 193. (engl.).

Probst, J., Unger, K., Cantow, H.-J.: GPC-Messungen von Polymeren an oberflächenmodifizierten Silikagelen. Angew. makromol. Chemie, Basel **35** (1974) S. 177 – 202.

Umpelev, V. L., Kogan, L. A., Gagarinova, L. M.: Trennung von in Abwässern enthaltenen mehrwertigen Phenolen mit Hilfe der Dünnschicht-Chromatographie. Ž. analit. Chimii (Z. analyt. Chemie) **29** (1974) 1, S. 179 – 180.

Krasikova, V. M., Korobova, L. M., Nikitina, A. I., Zjabina, V. A.: Bestimmung der Gesamtungesättigtheit von Äthylen-Propylen-Copolymeren mit Hilfe der verschiedenen Halogenierungsmethoden. Ž. analit. Chimii (Z. analyt. Chemie) **29** (1974) 1, S. 143 – 149.

Lavrenko, P. N.: Berücksichtigung der Selbstkompression bei der Sedimentationsanalyse von Polymeren. Vysokomol. Soed. (Hochmol. Verbind.) Serija A **15** (1973) 12, S. 2787 – 2789.

Beljaev, V. M., Platonov, M. P., Frenkel', S. Ja.: Schnellmethode zur Berechnung der Verteilung der relativen Molekülmassen und Polydispersität von Polymeren aus Angaben zur Sedimentationsgeschwindigkeit. Plast. Massy, Moskva (Plast. Massen) (1974) 1, S. 63 – 66.

Philipp, B., Dautzenberg, H.: Elektrochemische Analysenmethoden in der Polymerforschung. Faserforsch. u. Textiltechnik/Z. Polymerforsch. **25** (1974) 1, S. 11 – 18.

Chanukaev, B. B., Kožušner, M. A., Enikolopjan, N. S.: Theorie der Ausbreitung der Polymerisationsfront. Dokl. Akad. Nauk SSSR (Ber. Akad. Wiss. UdSSR) **214** (1973) 3, S. 625 – 628.

Correns, E., Purz, H.-J., Schwarz, H.-H.: Ultrafiltrationsversuche an Bakteriencellulose-Vliesmembranen. Chem. Technik **26** (1974) 2, S. 91 – 94.

Ausgangsstoffe, Monomere und Oligomere

Ando, I., Nishioka, A.: Theoretische Untersuchung der ^{13}C-chemischen Verschiebung von Meso- und racemischen 2,4-Dicyan-2,4-Dimethylpentanen als Modellverbindungen für Polymethacrylnitril. Kobunshi Kagaku, Tokyo (Chem. High Polymers) **30** (1973) 342(10), S. 604 – 608. (jap.; engl. Zusammenfass.).

Polymersynthesen

Plesch, P. H.: Über die Struktur von aktiven Zentren bei der kationischen Polymerisation. Polimery, Warszawa **18** (1973) 11, S. 557 – 561.

Heublein, G., Spange, St.: Zur Rolle von EDA-Komplexen bei kationischen Polymerisationen. I. Mitt. Die Wechselwirkung von Monomeren und Gegenionen mit Akzeptoren. Z. Chemie **14** (1974) 1, S. 22 – 23.

Semčikov, Ju. D., Egoročkin, A. N., Rjabov, A. V.: Über die Möglichkeit der Beurteilung der Q- und e-Parameter von Vinylmonomeren aus spektroskopischen Daten. Vysokomol. Soed. (Hochmol. Verbind.) Serija B: Kratkie Soobšč. (Kurzmitt.) **15** (1973) 12, S. 893 – 895.

Nabereżnych, R. A., Sorokin, A. D., Vokova, E. V., Fokin, A. V.: Strahlungsinduzierte Copolymerisation von Fluorolefinen. Izv. Akad. Nauk SSSR, Serija chim. (Nachr. Akad. Wiss. UdSSR, Chemie) (1974) 1, S. 232–233.

Matkovskij, P. E., Bejchol'd, G. A., Russijan, L. N., Brikenštejn, Ch.-M. A., Čirkov, N. M.: Polymerisation von Äthylen in Gegenwart eines mit $AlCl_3$ und $C_2H_5AlCl_2$ modifizierten Systems: $(C_5H_5)_2TiCl_2/Al(C_2H_5)_2Cl$. Vysokomol. Soed. (Hochmol. Verbind.), Serija A **16** (1974) 1, S. 175–182.

Obkój, J., Uhniat, M., Nowakowska, M.: Einfluß der Natur des Kohlenwasserstoff-Lösungsmittels auf die Bildung katalytisch wirkender Systeme $VOCl_3/Al(C_2H_5)_2Cl$ und die Polymerisation von Äthylen. Polimery, Warszawa **18** (1973) 11, S. 567–571.

Thomalla, B., John, R., Zawada, T.: Einfluß von Sauerstoff auf die Aktivität von Ziegler/Natta-Katalysatoren bei der Polymerisation von Äthylen unter Zugabe geringer Mengen Propylen. Polimery, Warszawa **18** (1973) 11, S. 571–575.

Rjabov, A. V., Smirnova, L. A., Panova, G. D., Soldatov, V. M., Rudin, A. A.: Polymerisationskinetik von Methacrylaten in Gegenwart von Kettenüberträgern. Vysokomol. Soed. (Hochmol. Verbind.), Serija A **16** (1974) 1, S. 29–34.

Kuran, W., Pasynkiewicz, St., Florjańczyk, Z.: Untersuchungen über den Initiierungsmechanismus der alternierenden Copolymerisation von Acrylnitril mit Butadien in Gegenwart von metallorganischen Katalysatoren. Makromol. Chemie **174** (1973) S. 73–80. (engl.).

Tomescu, M., Georgescu, M., Macarie, L.: Verhalten der Monomeren Acrylnitril, α-Methylstyrol und Maleinsäureanhydrid während der Terpolymerisation. Materiale plast., București **10** (1973) 11, S. 597–600.

Trekoval, J.: Herstellung von reinen Butylmethacrylatoligomeren durch anionische Oligomerisation. Coll. czechoslov. chem. Commun. **38** (1973) 12, S. 3769–3772.

Lineare Polymere mit Kohlenstoffkette

Rjabova, M. S., Beresnev, V. N., Smirnov, N. I.: Über die Abhängigkeit der Geschwindigkeit einer durch Kaliumpersulfat initiierten Emulsionspolymerisation von der Konzentration des Emulgators. Ž. prikl. Chimii (Z. angew. Chemie) **46** (1973) 12, S. 2663–2667.

Pkochocka, K.: Reaktionsfähigkeit von Monomeren und Effekt des vorletzten Kettengliedes bei der radikalischen Copolymerisation. Teil I. Übersicht der Methoden zur Bestimmung der Copolymerisationskonstanten. Polimery, Warszawa **18** (1973) 10, S. 501–530.

Beneš, M. J., Peška, J.: Anionische Polymerisation von Propionitril. Coll. czechoslov. chem. Commun. **38** (1973) 12, S. 3762–3768.

Masuda, T.: Struktur und Reaktivität von Vinyläthern und Styrolderivaten bei der kationisohen Polymerisation. J. Polymer Sci.: Polymer Chem. Ed. **11** (1973) 10, S. 2713–2717.

Eliseeva, V. I., Petrova, S. A., Zuikov, A. V. (Schreibw. i. Orig.: *Yeliseyeva, V. I.*): Besonderheiten der Emulsionscopolymerisation mit funktionell substituierten wasserlöslichen Comonomeren. J. Polymer Sci.: Polymer Symposia (1973) 42 (Teil I). S. 63–72.

Golubev, V. B., Zubov, V. P., Georgiev, G. S.., Stoijačenko, I. L., Kabanov, V. A. (Schreibw. i. Orig.: *Stoyachenko, I. L.*): Mechanismus der alternierenden Copolymerisation von polaren und Kohlenwasserstoffpolymeren J. Polymer Sci.: Polymer Chem. Ed. **11** (1973) 10, S. 2463–2487.

Shukla, J. S., Misra, D. C.: Durch das Redoxsystem saures Permanganat/Thioharnstoff initiierte Polymerisation von Acrylamid in wäßrigem Medium. Makromol. Chemie **173** (1973) S. 91–99. (engl.).

Margerum, J. D., Brault, R. G., Lackner, A. M., Miller, L. J.: Photopolymerisationsmechanismus. II. Geschwindigkeiten der ionischen Addition von Benzolsulfinationen an Acrylmonomere bei Dunkelheit. J. physical Chem. **77** (1973) 23, S. 2720–2725.

Vlček, P., Doskočilova, D., Trekoval, J.: Anionische Copolymerisation von Methacrylaten. J. Polymer Sci.: Polymer Symposia (1973) 42 (Teil I), S. 231–238.

Seidov, N. M., Askerov, V. M., Abasov, A. I.: Untersuchung der Regelung der relativen Molekülmasse von Äthylen-Propylen-Copolymerem mit Wasserstoff als Regler und in flüssigem Propylen als Medium. Vysokomol. Soed. (Hochmol. Verbind.) Serija A **15** (1973) 12, S. 2725–2727.

Smirnov, A. M., Luchovickij, V. I., Pozdeeva, R. M., Karpov, V. L.: Strahlungsinduzierte Emulsionspolymerisation von Vinylchlorid in Gegenwart kationischer Emulgatoren. Vysokomol. Soed. (Hochmol. Verbind.) Serija B: Kratkie Soobšč. (Kurzmitt.) **15** (1973) 12, S. 907–909.

Heublein, G., Römer, W.: Über den Einfluß von Elektronen-Donatoren auf die Copolymerisation von Isobutylen und Isobutylvinyläther. J. prakt. Chemie **315** (1973) 5, S. 801–809.

Alvarino, J. M., Chmelíř, M., Schmitt, B. J., Schulz, G. V.: Die Kinetik der anionischen Polymerisation von Styrol in 1,2-Dimethoxyäthan. J. Polymer Sci.: Polymer Symposia (1973) 42 (Teil I), S. 155–162.

Lineare Polymere mit Heterokette

Koršak, V. V., Frunze, T. M., Izyneev, A. A., Samsonova, V. G.: Gemeinsame Polycyclotrimerisierung von Terephthal- und Isophthalnitril mit Benzonitril. Dokl. Akad. Nauk SSSR (Ber. Akad. Wiss. UdSSR) **214** (1974) 1, S. 107–109.

Slonimskij, G. L., Askadskij, A. A., Byčko, K. A., Koršak, V. V., Frunze, T. M., Frolov, M. V., Kurašev, V. V., Zajcev, V. I.: Struktur und Eigenschaften von unter Bedingungen der anionischen Polymerisation des ε-Caprolactams entstehendem Polycaproamid. Vysokomol. Soed. (Hochmol. Verbind.) Serija A **15** (1973) 12, S. 2656–2661.

Kricheldorf, H. R.: Über Synthese und Polymerisation von β-Aminosäure-N-carbonsäureanhydriden. Makromol. Chemie **173** (1973) S. 13–41.

Kricheldorf, H. R., Bösinger, K.: Über die Polymerisation von 2,5-Dioxo-1,3-oxathiolan und 2,4-Dioxo-1,3-dithiolan. Makromol. Chemie **173** (1973) S. 67–80.

Wöhrle, D., Helling, G.: Ungesättigte Polymere aus aliphatischen Nitrilen. J. Polymer Sci.: Polymer Symposia (1973) 42 (Teil I), S. 443–450.

Koršak, V. V., Petrova, S. A., Dorošenko, Ju. E., Izyneev, A. A., Nazarov, P. A.: Neue Polymere mit stickstoffhaltigen Heterocyclen in der Kette. Dokl. Akad. Nauk SSSR (Ber. Akad. Wiss. UdSSR) **214** (1974) 2, S. 343–345.

Ėrjan, M. A., Kireev, V. V., Koršak, V. V., Filippov, O. F.: Synthese und Untersuchung von Polyarylenphosphazenen. Vysokomol. Soed. (Hochmol. Verbind.), Serija A **16** (1974) 1, S. 198–202.

Banihashemi, A., Marvel, C. S.: Selbstkondensation von aromatischen Tetraaminen und ihre Polykondensation mit einigen Tetrachlorverbindungen. J. Polymer Sci.: Polymer Symposia (1973) 42 (Teil I), S. 361–368.

Cyclische Polymere

Koršak, V. V., Krongauz, E. S., Rusanov, A. L., Travnikova, A. P.: Polybenzimidazole mit Polybenzimidazolyl-Seitengruppen. Vysokomol. Soed. (Hochmol Verbind.), Serija A **16** (1974) 1, S. 35–40.

Polymermischungen und -kompositonen

Gabrielli, G., Pugelli, M., Faccioli, R.: Mischungen von Polyäthylmethacrylat und Polybutylmethacrylat an der Grenzfläche Wasser/Luft. J. Colloid Interface Sci. **44** (1973) 1, S. 177–180.

Pašin, A. S., Nesmerčuk, N. S., Šed'ko, G. E.: Selbstverlöschende Mischungen von Polyäthylen niederer Dichte mit Hexabrombenzol. Plast. Massy, Moskva (Plast. Massen) (1974) 1, S. 40–41.

Kryszewski, M., Gakeski, A., Pakuka, T., Grębowicz, J.: Transporterscheinungen an Grenzflächen in Polypropylen/Polyäthylen-Gemischen. J. Colloid Interface Sci. **44** (1973) 1, S. 85–94.

Lungu, M., Tudose, R. Z.: Vermischen nicht-Newton'scher Flüssigkeiten. II. Energieverbrauch für das Mischen. Materiale plast. București **10** (1973) 10, S. 537–543.

Chemische Umsetzungen an Polymeren

Papisov, I. M., Nekrasova, N. A., Pautov, V. D., Kabanov, V. A.: Kooperative makromolekulare Substitutionsreaktion im System Polymethacrylsäure/Polyacrylsäure-Polyäthylenglykol-Komplex. Dokl. Akad. Nauk SSSR (Ber. Akad. Wiss. UdSSR) **214** (1974) 4, S. 861–864.

Pfropfung

Kenyon, R. S., Garnett, J. L.: Säurekatalysierte Pfropfung von Monomeren auf Wolle. J. Polymer Sci.: Polymer Letters Ed. **11** (1973) 10, S. 651–654.

Varma, D. S., Sarkar, R. K.: Pfropfcopolymerisation von Wolle mit Acrylatmonomeren. I. Optimale Pfropfungsbedingungen und relative Molekülmasse der aufgepfropften Ketten. Angew. makromol. Chemie, Basel **35** (1974) S. 203–211.

Zagorskaja, Z., Tichomirova, N. S., Serenkov, V. I.: Über die Eigenschaften von durch strahlungsinduzierte Pfropfung hergestelltem Äthylen-Acenaphthylen-Copolymeren. Plast. Massy (Plast. Massen) (1974) 1, S. 9–11.

Gugliemelli, L. A., Swanson, C. L., Doane, W. M.: Kinetik der Pfropfung von Acrylnitril auf Stärke. J. Polymer Sci.: Polymer Chem. Ed. **11** (1973) 10, S. 2451–2462.

Vernetzung

Hagiwara, M., Tagawa, T., Tsuchida, E., Shinohara, I., Kagiya, T.: Strahlungsinduzierte Vernetzung von Polyäthylen in Gegenwart von verschiedenen Acetylenverbindungen. J. Polymer Sci.: Polymer Letters Ed. **11** (1973) 10, S. 613–617.

Suchov, F. F., Slovochotova, N. A., (Schreibw. i. Orig.: *Sukhov, F. F., Slovokhotova, N. A.*): Über den Mechanismus der strahlungsinduzierten Vernetzung von Polyvinylchlorid in Gegenwart einiger polyfunktioneller Monomerer. J. Polymer Sci.: Polymer Symposia (1973) 42 (Teil I), S. 147–153.

Abbaureaktionen

Sangen, O., Yamamoto, Y., Imamura, R.: Photochemischer Abbau von Polyäther-Polyester-Blockcopolymeren. J. Soc. Fiber Sci. Technol. Japan, Tokyo **29** (1973) 11, S. T472–T481. (jap.; engl. Zusammenfass.).

Pavlova, Ž. D., Leščenko, S. S., Egorova, Z. S., Karpov, V. L.: Über die Besonderheiten des thermischen und des thermooxydativen Abbaues, einiger bestrahlter Polyolefine. Vysokomol. Soed. (Hochmol. Verbind.) Serija A **16** (1974) 1, S. 111–118.

Šapiro, A. B., Lebedeva, L. P., Suskina, V. I., Antipina, G. N., Smirnov, L. N., Levin, P. I., Rozancev, Ė. G.: Oxydationsinhibierende und lichtstabilisierende Eigenschaften von stabilen Piperidinoxyl-Radikalen und sterisch-gehinderten Piperidinen. Vysokomol. Soed. (Hochmol. Verbind.), Serija A **15** (1973) 12, S. 2673–2680.

Beljakov, V. K., Belcakora, I. V., Kozlora, M. V., Okunev, P. A., Tarakanov, O. G.: Einfluß der chemischen Struktur von Polyheteroarylenen auf ihre Beständigkeit gegenüber thermooxydativem Abbau. Vysokomol. Soed. (Hochmol. Verbind.), Serija A **15** (1973) 12, S. 2635–2642.

Physik und physikalishe Chemie von Polymeren

Killmann, E., v. Kuzenko, M.: Ellipsometrische Charakterisierung der Adsorptionsschichten von Polyäthylenglykol, Polyvinylpyrrolidon und Polystyrol an Chromoberflächen. Angew. makromol. Chemie, Basel **35** (1974) S. 39–55.

Kaminska, A.: Einfluß der relativen Molekülmasse und der Verteilung der relativen Molekülmassen auf die Eigenschaften von Polymeren. Teil V. Einfluß der Polymolekularität von Polyäthylenterephthalat auf sein Kristallisationsvermögen. Polimery, Warszawa **18** (1973) 10, S. 522–523.

Birštejn, T. M.: Abmessungen von halbstarren Makromolekülen anhand des Vibrationsmechanismus der Flexibilität. Vysokomol. Soed. (Hochmol. Verbind.), Serija A **16** (1974) 1, S. 54–62.

Sirur, P. V., Cates, D. M., Guion, T. H., Walsh, W. K.: Der Einfluß der Kristallinität auf die Dampfphasensorption von Aceton in orientiertem Polyäthylenterephthalat. Textile Res. J. **43** (1973) 12, S. 723–727.

Tamai, Y., Matsunaga, T., Horiuchi, K.: Adsorption von 1-Butanol und 1-Pentansäure aus wäßriger Lösung an Polymeren. Analyse der fest-flüssig-Grenzflächenaktivität. J. Colloid Interface Sci. **44** (1973) 3, S. 481–485.

Tshudy, J. A., von Frankenberg, C.: Ein die reversible Immobilisierung einschließendes Modell für die Sorption und Diffusion in glasartigen Polymeren. J. Polymer Sci.: Polymer Physics Ed. **11** (1973) 10, S. 2027–2037.

Najmark, N. I., Vasil'ev, B. V., Domkin, V. S., Os'kina, T. V., Petrenko, V. A.: Thermomechanische Eigenschaften von Folien aus Cyanäthylcellulose. Plast. Massy, Moskva (Plast. Massen) (1974) 1, S. 58–60.

Makuškin, A. P., Šebeko, M. P., Grišova, A. I., Sarina, M. E., Pružiner, A. B., Abramova, I. M.: Einfluß niedriger Temperaturen auf die mechanischen Eigenschaften und die Struktur von Polycarbonat. Plast. Massy, Moskva (Plast. Massen) (1974) 1, S. 48–49.

Gervais, M., Gallot, B.: Phasendiagramm und Strukturuntersuchung von Polystyrol-Polyäthylenoxid-Blockcopolymeren. 2. Systeme Polystyrol-Polyäthylenoxid/Lösungsmittel des Polyäthylenoxidblockes. Makromol. Chemie **174** (1973) S. 193–214. (engl.).

Magoshi, J., Kasai, N., Kakudo, M.: Untersuchungen zur Kristallisation und zum α-β-Übergang von Seidenfibroin. Kobunshi Kagaku, Tokyo (Chem. High Polymers) **30** (1973) 342(10), S. 649–653. (jap.; engl. Zusammenfass.).

Sata, T.: Modifizierung der Eigenschaften von Ionenaustauschmembranen. II. Transporteigenschaften von Kationenaustauschmembranen in Gegenwart von wasserlöslichen Polymeren. J. Colloid Interface Sci. **44** (1973) 3, S. 393–406.

Polymere Festkörper

Fraser, G. V., Hendra, P. J., Chalmers, J. M., Cudby, M. E. A., Willis, H. A.: Vibrationsspektren einiger normaler Polyolefine. Makromol. Chemie **173** (1973) S. 195–203. (engl.).

Dechant, J.: Strukturuntersuchungen an Polyamidfaserstoff mit der inneren Reflexionsspektroskopie. Faserforsch. u. Textiltechnik/Z. Polymerforsch. **25** (1974) 1, S. 24–28.

Okonišnikov, G. B., Skripov, V. P.: Löslichkeit und Diffusion von Kohlendioxid in Polymethylmethacrylat. Vysokomol. Soed. (Hochmol. Verbind.), Serija B: Kratkie Soobšč. (Kurzmitt.) **15** (1973) 12, S. 890–893.

Kryszewski, M., Łapiensis, D., Nadolski, B.: Mechanismus der thermischen Entfärbung von Benzospiranen in einigen amorphen polymeren Matrizen. J. Polymer Sci.: Polymer Chem. Ed. **11** (1973) 10, S. 2423–2436.

Polymerschmelzen

Jakobson, È. È., Fajtel'son, L. A., Sul'ženko, L. L., Kovtun, V. P., Domareva, N. M., Briedis, I. P., Aref'eva, V. V.: Rheologische Charakteristiken der Schmelze von niedermolekularem verzweigtem Polyäthylen im Bereich kritischer relativer Molekülmassen. Mech. Polimerov, Riga (Mech. Polymere) (1973) 6, S. 963–967.

Tanaka, N., Nakajima, A.: Thermodynamische Zustandsgrößen für das Schmelzen von Zweikomponentencopolymeren. J. Soc. Fiber Sci. Technol. Japan, Tokyo **29** (1973) 11, S. T505–T508. (jap.; engl. Zusammenfass.).

Frommer, M. A., Messalem, R. M.: Mechanismen der Membranbildung. VI. Konvektionsströmungen und Bildung großer Hohlräume bei der Fällung von Membranen. IEC. Ind. engng. Chem./Product Res. Development **12** (1973) 4, S. 328–333.

Briedis, I. P., Sul'ženko, L. L., Fajtel'son, L. A., Jakobson, È. È.: Rheologische Charakteristiken der Schmelze von niedermolekularem verzweigtem Polyäthylen nahe der Schmelztemperaturen. Mech. Polimerov, Riga (Mech. Polymere) (1973) 6, S. 1129–1132.

Shah, J. K., Lahti, L. E.: Kristallisationskinetik von Polypropylen aus verdünnten Lösungen. IEC. Ind. engng. Chem./Product Res. Development **12** (1973) 4, S. 304–309.

Członkowska-Kohutnicka, Z.: Über die mit der Untersuchung mikrogelhaltiger Polymerlösungen mit Hilfe der Lichtstreuungsmethode zusammenhängenden Probleme. Polimery, Warszawa **18** (1973) 10, S. 507–511.

Dautzenberg, H.: Lichtstreuung an einem Acrylnitril/Styrol-Copolymeren. Faserforsch. u. Textiltechnik/Z. Polymerenforsch. **25** (1974) 1, S. 19–23.

Cross, M. M.: Rheologie von synthetischen Latices: Einfluß der Schergeschwindigkeit und Temperatur. J. Colloid Interface Sci. **44** (1973) 1, S. 175–176.

Hoffmann, M.: Statistische Thermodynamik von Lösungen unter Berücksichtigung der Verhakung von Makromolekülen. Makromol. Chemie **174** (1973) S. 167–181.

Kodama, T., Ide, F.: Untersuchungen an nichtwäßrigen Emulsionen. Kobunshi Kagako, Tokyo (Chem. High Polymers) **30** (1973) 342(10), S. 616–622. (jap.; engl. Zusammenfass.).

Vollmert, B., Stutz, H.: Über die gegenseitige Durchdringung von Polymerknäueln im θ-Zustand. Angew. makromol. Chemie, Basel **35** (1974) S. 75–83.

Beljaev, O. F., Belavceva, E. M.: Einfluß der Dehnung von Makromolekülen auf die Kristallisation von Polymeren aus der Lösung. Vysokomol. Soed. (Hochmol. Verbind.), Serija A **16** (1974) 1, S. 141–152.

Clint, G. E., Clint, J. H., Corkill, J. M., Walker, T.: Abscheidung von Latexteilchen auf einer glatten Oberfläche. J. Colloid Interface Sci. **44** (1973) 1, S. 121–132.

Applikation von Polymeren

Chang, W.-H., Scriven, R. L., Peffer, J. R., Porter, S., jr.: Fortschritte bei Polyurethanbeschichtungen (1969 bis Anfang 1972). IEC. Ind. engng. Chem./Product Res. Development **12** (1973) S. 278–288.

Böddeker, K. W., Kaschemekat, J., Woldmann, H.: Eine neue Celluloseacetatmembran für die umgekehrte Osmose. Z. physik. Chemie, N. F., Frankfurt/M. **87** (1973) 1/3, S. 60–63.

Bender, R.: Verarbeitungs- und Vulkanisat-Eigenschaften von Äthylen/Propylen-Sequenzpolymeren. Kautschuk, Gummi, Kunststoffe **26** (1973) 12, S. 537–539.

Mistr, A., Láznička, V., Šimák, B.: Organische lichtempfindliche Stoffe. V. Acylmethylenderivate heterocyclischer stickstoffhaltiger Basen als Sensibilisatoren lichtempfindlicher Polymerer. Coll. czechoslov. chem. Commun. **38** (1973) 12, S. 3616–3622. (dt.).

II. Faserstoffe,

Naturfaserstoffe

Tierische Faserstoffe

Grigor'eva, G. M., Deniskina, L. E.: Einfluß verschiedener Waschverfahren von Wolle auf ihre textilphysikalischen Eigenschaften. Izv. vysšich uč. Zav. Technol. tekstil. Prom. (Hochschulnachr. Technol. Textil-Ind.) (1973) 5, S. 35–38.

Chemiefaserstoffe

Merkle, R.: Spinnfaserherstellung aus Chemiekabel. Chemiefasern/Textil-Ind. **23/75** (1973) 12, S. 1186–1189.

Chemiezellstoff

Košiková, B., Polčin, J., Joniak, D.: Untersuchung der Bedingungen der Acetylierung des Buchenholzes. II. Vyskum. práce odbora papiera a celulózy (Forsch.-Arb. Papier-Zellstoffind.) in: Papir a Celulózy **28** (1973) 12, S. V77–V79. (dt.).

Serebrjakov, N. P., Sosnorskij, R. I., Akim, G. L.: Statische Optimierung der Sauerstoff-Alkali-Bleiche von Zellstoff. Bumaž. Prom. (Papier-Ind.) (1974) 1, S. 3–5.

Regeneratfaserstoffe

Kucharska, J., Skoracki, J.: Untersuchungen über die kolloidchemische Einheitlichkeit von Viskose. Polimery, Warszawa **18** (1973) 11, S. 591–592.

Fedoriščeva, I. P., Chilenko, N. I., Vožžannikov, V. N., Pirogov, V. N.: Verfahren zur Verbesserung der Acetylierbarkeit von Cellulosematerial. Ž. prikl. Chimii (Z. angew. Chemie) **46** (1973) 12, S. 2688–2691.

Allan, G. G., Fu-Mei Liu, Roberts, S. C.: Faseroberflächenmodifizierung. Teil 16. Aminierung von Lignocellulosefasern mit Cyanurchlorid. Svensk Papperstidn. **76** (1973) 18, S. 693–698. (engl.).

Synthetische Faserstoffe

Philipp, B., Gröbe, V., Reinisch, G.: Ergebnisse und Bedeutung der Polymerforschung für die Weiterentwicklung der Synthesefaserstoffe im Hinblick auf ihre Gebrauchs- und Verarbeitungseigenschaften. Textiltechnik **24** (1974) 1, S. 31–36.

Phosphorsäureester – Spezialprodukte für Synthesefasermaterial. Gleitmittel erleichtern die Verarbeitung. Textilbetrieb **91** (1973) 12, S. 55–56.

Riggert, K., Jantzen, B., Sander, R., Zahn, W.: Neue Einrichtungen zur Schmelzspinntechnik. Chemiefasern/Textil-Ind. **23/75** (1973) 12, S. 1183–1186.

Harms, J.: Neue Materialien für Teppiche. Textilia, Milano **49** (1973) 12, S. 63–69.

Polyamidfaserstoffe

Tancjura, T. P., Gojchman, A. Š.: Einfluß einer Jodbehandlung auf die Überstruktur der Kristallite von Polycaproamid-Faserstoff. Vysokomol. Soed. (Hochmol. Verbind.), Serija A **16** (1974) 1, S. 82–87.

Levin, V. S., Pišocha, G. P., Korostelev, V. I., Erlich, T. A.: Granulierung von Sekundär-Polycaprolactam. Plast. Massy (Plast. Massen) (1974) 1, S. 23–25.

Bulik, St.: Hygroskopizität von Polyamidfaserstoffen. Teil II. Rolle von hydrophilen polaren Gruppen und die Möglichkeiten einer zusätzlichen Einführung dieser Gruppen in die Molekülkette. Polimery, Warszawa **18** (1973) 10, S. 504–507.

Polyesterfaserstoffe

Richter, P.: Verbesserung der Sicherheit und Wirtschaftlichkeit beim HT-Färben von Polyesterfasern durch das Palegal-Verfahren. Textil-Praxis internat. **28** (1973) 12, S. 711–715.

Polyacrylnitrilfaserstoffe

Der nichtentflammbare Modacrylfaserstoff Kanekalon. Textilia, Milano **50** (1974) 1, S. 35–50.

Dohrn, W.: WOLPRYLA 65 – Herstellung und Sortiment. Faserforsch. u. Textiltechnik/Z. Polymerenforsch. **25** (1974) 1, S. 28–35.

Künstliche mineralische Faserstoffe

Jäger, W.: Neuentwicklung von Endlos-Glasfaser-Verstärkungsmaterial. Kunststoffe **63** (1973) 12, S. 834–838.

Holtmann, R., Menges, G., Harnier, A.: Neue Glasseidenfäden für hochfeste Polyester- und Epoxidharzlaminate. Kunststoffe **63** (1973) 12, S. 839–844.

Radcliffe, A. T., Lens, T. J.: Furanharz/Glasfaser-Laminate – eine Kombination hervorragender Werkstoff-Eigenschaften. Kunststoffe **63** (1973) 12, S. 854–857.

Stiller, R. A.: Akustische Materialien in Metallfaserstoffen. Textilia, Milano **49** (1973) 12, S. 47–49.

III. Fäden-Herstellungstechnologien

Spinnerei. Zwirnerei

Neue oder verjüngte Ideen in der Spinnerei. Ind. textile, Paris (1973) 1028, S. 650–652.

Spinnereivorbereitung

Pirogov, K. M.: Veränderung der Zuverlässigkeit von Karden in Abhängigkeit von ihrer Leistung. Izv. vysšich uč. Zav. Technol. tekstil. Prom. (Hochschulnachr. Technol. Textil-Ind.) (1973) 5, S. 46–50.

Artzt, P., Schreiber, O.: Einfluß der Mischungsart auf die Durchmischung von Ringspinn- und OE-Garn bei Bw/PES. Chemiefasern/Textil-Ind. **23/75** (1973) 12, S. 1190–1193.

Müller, K.: Fasermischkammer-Entleerung zweckmäßig und rationell. Chemiefasern/Textil-Ind. **23/75** (1973) 12, S. 1189–1190.

Spinnerei

Albrecht, W.: Das Offen-End-Spinnen mit Chemiefasern. Einflußfaktoren, die für das Spinnen, das Garn und das Gewebe ausschlaggebend sind. Textilbetrieb **91** (1973) 12, S. 40–44.

2. ATME-Bericht: Erfolgreiche Open-End-Maschinen. Chemiefasern/Textil-Ind. **23/75** (1973) 12, S. 1193.

Hamann, K.: Strukturveränderungen in der Kammgarn-Industrie. Chemiefasern/Textil-Ind. **23/75** (1973) 12, S. 1153.

Wegener, W., Fichtner, E.: Der Einfluß der in der Kammgarnspinnerei gegebenen Verarbeitungsbedingungen auf die Gleichmäßigkeit und Sauberkeit der Garne. Melliand Textilber. internat. **54** (1973) 12, S. 1252–1255.

Oseguera-Morones, H.: Doppeltes Reißen von Konverterbändern. Ind. textile, Paris (1973) 1027, S. 567–569.

Chavkin, V. P., Sevost'janov, A. G., Kudinov, A. E.: Zum Problem der Ausgleichswirkung der Spinn-Zwirnkammer im Prozeß des pneumatischmechanischen Spinnens. Izv. vysšich uč. Zav. Technol. tekstil. Prom. (Hochschulnachr. Technol. Textil-Ind.) (1973) 5, S. 42–46.

Grau, G.: Technische Einzelheiten des Zinser-Rotorspinnkonzepts. Tex/Textilis, Gent (1973) 12, S. 24–26, 28, 33–34.

Erzeugnisse der Spinnerei und Zwirnerei

Lord, Peter R.: Bobtex-Dreikomponentengarne werfen Kostenfrage auf. Textile Month (1973) 9, S. 85, 86, 88–89.

Texturfäden

Schultz, K.: Die Strecktexturierung, Einsatz und Möglichkeiten. Melliand Textilber. internat. **54** (1973) 12, S. 1266–1269.

Grigor'eva, N. B., Lalykina, K. M., Usenko, V. A., Ivanova, N. M.: Texturierung von feinen Fäden nach dem Falschdrahtverfahren. Izv. vysšich uč. Zav. Technol. tekstil. Prom. (Hochschulnachr. Technol. Textil-Ind.) (1973) 5, S. 51–53.

IV. Flächengebilde-Herstellungstechnologien

Materialvorbereitung

Suszek, H., Graczyk, Z.: Beurteilung des gleichzeitigen Schlichtens von Ketten aus rohem und gefärbtem Baumwollgarn. Technik włókienn. (Textiltechn.) **22** (1973) 9, S. 266–268.

Rösch, M., Pfabe, S.: Flüssige Lubroids in der Zwirnerei- und Webereivorbereitung. Textil-Praxis internat. **28** (1973) 12, S. 691–694.

Weberei-Technologie

Cremer, J., Kapur, D.: Materialspezifische Maschineneinstellung durch systematische Fadenspannungsmessungen in Webereivorbereitung und Weberei. Melliand Textilber. internat. **54** (1973) 12, S. 1363–1366.

Lichtenberg, E.: Musterungstechniken in der Weberei/Jacquardweberei. Melliand Textilber. internat. **54** (1973) 12, S. 1277–1281.

Starostina, L. F.: Technologische Besonderheiten der Herstellung von Geweben mit einer Kette und einigen Schußfadensystemen. Izv. vysšich uč. Zav. Technol. tekstil. Prom. (Hochschulnachr. Technol. Textil-Ind.) (1973) 5, S. 74–77.

Kampf, S.: Herstellung einer gewirkten Gewebeleiste auf einer Webmaschine. Textiltechnik **24** (1974) 1, S. 47–50.

Erzeugnisse der Weberei

Nesterenko, G. S., Kokošinskaja, V. I.: Über die Verschleißfestigkeit von Baumwoll-Polynosicgeweben. Izv. vysšich uč. Zav. Technol. tekstil. Prom. (Hochschulnachr. Technol. Textil-Ind.) (1973) 5, S. 31–34.

Wo steht die permanent-antistatische Ausrüstung von Teppichböden heute. Boden, Wand, Decke **19** (1973) 12, S. 59–61.

Sattlow, G., Schroer, S.: Der leitfähige Teppichboden in Gegenwart und Zukunft. Boden, Wand, Decke **20** (1974) 1, S. 78–83, 96.

ten Hoevel, B.: Technische Neuentwicklungen: Teppichträger und Beschichtungen. Chemiefasern/Textil-Ind. **23/75** (1973) 12, S. 1166.

Wirkerei und Strickerei. Konfektion. Sonstige Technologien

Erzeugnisse der Wirkerei und Strickerei

Seidel, L. E.: Herstellung von kettengewirkter Oberkleidung. Teil 5 u. 6. Textile Ind. **137** (1973) 8, S. 80–81, 127; 9, S. 168, 171.

Stachowiak, C., Nowakowski, J.: Einfluß der Garndrehung und der Feinheit von Polyacrylnitrilfasern auf die Eigenschaften von Kuliergewirken. Technik włókienn. (Textiltechn.) **22** (1973) 9, S. 270–272.

Feicht, B.-P.: Fehler an Kettenwirkautomaten und Waren. Ursachen und Beseitigung. Melliand Textilber. internat. **54** (1973) 12, S. 1301–1307.

Konfektion

Schierbaum, W.: Technische Kriterien für die Verarbeitung von Maschenwaren. Tex/Textilis, Gent (1973) 12, S. 68–72.

Bostenaru, M., Bostenaru, D.: Ergebnisse bei der Herstellung von Naßfilzen für die Papierindustrie. Ind. textilă, Bucureşti **24** (1973) 11, S. 686–689.

Textilverbundstoffe

Jedrzejewski, W.: Techniken zur Herstellung von Fußbodenbelag. Technik włókienn. (Textiltechn.) **22** (1973) 9, S. 283–286.

Smigielski, E.: Teppichfliesen. I. II. Tex/Textilis, Gent (1973) 12, S. 40, 43–44. (1974) 1, S. 33–34, 36–37.

Faserverbundstoffe. Vliesstoffe

Naßvliese mit Hilfe des CIAGO-Verfahrens herstellen. Allg. Vliesstoff-Rep. (1974) 1, S. 6–7.

Nevenkin, St., Christov, M., Šikov, St.: Bestimmung der Fasermigration beim Trocknen von mit Bindemitteln behandelten Nadelvliesstoffen. Tekstil. Prom., Sofija (Textil-Ind.) **22** (1973) 8, S. 403–406.

Fadenverbundstoffe

Huschka, R., Kittelmann, W.: Zur Entwicklung von Elementarfadenvliesstoffen. Textiltechnik **24** (1974) 1, S. 43–47.

V. Textilveredlung

Garvanska, R., Dimov, K., Georgiev, J., Bakurdžieva, St., Mitova, B., Teodosieva, N., Chubenova, V., Borisova, M., Balareva, J.: Über das Verhalten der Polyamidseide Widlon bei der Thermobehandlung. Tekstil. Prom. (Textil-Ind.), Sofija **22** (1973) 8, S. 400–403.

Farbstoffe. Textilhilfsmittel

Heid, Ch., Holoubek, K., Klein, R.: 100 Jahre Schwefelfarbstoffe. Melliand Textilber. internat. **54** (1973) 12, S. 1314–1327.

Bleicherei. Sonstige Vorbehandlungsarbeiten der Textilveredlung

Schölermann, W., Mantz, H.: Der Einfluß von Reaktant und Katalysator auf den Weißgrad in der Hochveredlung. Textilveredlung Weinfelden/Schweiz **8** (1973) 10, S. 506–514.

Nerling, V., Sebb, W.: Die Behandlung von Textilgut unter Normaldruck bei erhöhter Temperatur. Das Net-Verfahren. Textilbetrieb **91** (1973) 12, S. 63–67.

Rösch, G.: Zur Anwendung optischer Aufheller in der Textilindustrie. Das optische Aufhellen aus unpolaren Lösemitteln und die Nuancierung optischer Aufheller. Kompendium über das optische Aufhellen. Teil VIII. Textilbetrieb **91** (1973) 12, S. 70–72.

Färberei

Slaski, K. A., Roberts, A. M.: Die wirtschaftlichen Gegebenheiten der Lösemittelfärbung. Wirk.- u. Strick.-Technik **24** (1974) 1, S. 25–26, 28.

Hazel, B. G.: Einführung in die Mikrowellentechnologie. Internat. Dyer **150** (1973) 9, S. 461–462.

Artym, M. I., Lunjaka, K. V.: Über die Reduktionsfähigkeit der Küpenfarbstoffe. Izv. vysšich uč. Zav. Technol. tekstil. Prom. (Hochschulnachr. Technol. Textil-Ind.) (1973) 5, S. 90–93.

Willingham, W. L.: Das Barré-Problem. Textile Ind. **137** (1973) 9, S. 193, 195, 199, 201–202, 204, 212.

Borisov, A. M., Mel'nikov, B. N., Pakšver, A. B.: Einfluß der Struktur von Cellulosefasern auf die Kinetik des Prozesses ihres Färbens mit Küpenfarbstoffen. Izv. vysšich. uč. Zav. Technol. tekstil. Prom. (Hochschulnachr. Technol. Textil-Ind.) (1973) 5, S. 86–90.

Grindea, M., Forst, T., Puscaqu, E.: Färben von Polyesterfaserstoffen mit Dispersionsfarbstoffen. Ind. textilă, Bucureşti **24** (1973) 12, S. 728–731 (mit dt., engl. franz. u. russ. Zusammenfass.).

Suda, Y., Morizane, H., Nakajima, F.: Untersuchung des Färbeverhaltens eines Modellfaserstoffes für eine Falschdraht-Polyamidseide mit einem Dispersionsfarbstoff. Bull. Res. Inst. Polymers Textiles, Yokohama (1973) 101(8), S. 35–40. (jap.; engl. Zusammenfass.).

Würz, A.: Kontinuierliches Ausrüsten: Vorbehandlung und Färben von Geweben und Maschenstoffen aus Fasermischungen. Textile J. Australia **48** (1973) 7, S. 50–56.

Icard, G.: Vergleich verschiedener Verfahren zur diskontinuierlichen Stückfärberei. Tex/Textilis, Gent (1973) 12, S. 65–67.

Druckerei

Dethloff, H.: Modischer Ätzdruck auf Polyester-Gewebe und -Wirkware. Chemiefasern/Textil-Ind. **23/75** (1973) 12, S. 1211–1212.

Ausrüstung

Rüter, J.: Zur Problematik der antistatischen Ausrüstung von Polyesterfasern. Chemiefasern/Textil-Ind. **23/75** (1973) 12, S. 1215–1216.

Mitu, St., Ciocoiu, M.: Rolle der Feuchte bei der Veredlung von Bekleidungserzeugnissen. Ind. textilă, Bucureşti **24** (1973) 12, S. 732–739.

Wäscherei. Chemische Reinigung

Arendt, W.: Leistungs- und Wirtschaftlichkeitsvergleich der Bearbeitung von Baumwoll- und Mischgewebe-Flachteilen. Reiniger u. Wäscher **27** (1974) 1, S. 21–24.

Wunderlich, K.: Werterhalten von Arbeitskleidung durch wirtschaftliche Pflege. Reiniger u. Wäscher **27** (1974) 1, S. 26–29.

László, G.: Methoden zur Steigerung der Arbeitsproduktivität. Textilreinigung **21** (1974) 1, S. 10–12.

VI. Werkstoffprüfung. Meß- und Prüftechnik. Standardisierung

Kratzsch, E.: Das elektrostatische Problem bei Polyamiden ist gelöst. Melliand Textilber. internat. **54** (1973) 12, S. 1260–1265.

Latzke, P. M., Soeffky, E.: Grundsätzliche Überlegungen und Versuche zum Teppich-Begehtest. Textilveredlung Weinfelden/Schweiz **8** (1973) 10, S. 483–495.

Materialeigenschaften und Materialfehler

Datar, K. L., Betrabet, S. M., Sundaram, V.: Strukturelle Eigenheiten von G. Herbaceum Baumwollen. Textile Res. J. **43** (1973) 12, S. 718–722.

Stowe, B. S., Salvin, V. S., Fornes, R. E., Gilbert, R. D.: Einfluß der Strahlung im nahen UV-Bereich auf die Morphologie von Polyamid-6.6-Faserstoff. Textile Res. J. **43** (1973) 12, S. 704–714.

Murayama, T., Silverman, B.: Dynamisch-mechanische Eigenschaften von Fasern aus hochmolekularem Polyamid-6.6. J. Polymer Sci.: Polymer Physics Ed. **11** (1973) 10, S. 1873–1878.

Renard, C.: Färberische Eigenschaften von Polyesterfasern mit modifizierter Affinität. Melliand Textilber. internat. **54** (1973) 12, S. 1328–1335.

Jančauskene, R. A., Kijauskas, A. K., Indrjunas, Ju. P.: Einfluß der Appreturmittel auf die Gebrauchseigenschaften von Webpelz mit Flor aus Viskose- und Diacetatfasern. Izv. vysšich uč. Zav. Technol. legkoj Prom. (Hochschulnachr. Technol. Leichtind.) (1973) 5, S. 35–38.

Hillermeier, Kh.: Arbeitsaufnahme chemiefaserverstärkter Kunststoffe. Kunststoffe **63** (1973) 12, S. 899–906.

Meß- und Prüftechnik

Kleinheins, St.: Messung der Gleichmäßigkeit von leichten Vliesen und Vliesstoffen. II. Chemiefasern/Textil-Ind. **23/75** (1973) 12, S. 1219–1221.

Wegener, W., Vogt, H.-J.: Bestimmung der Dickstellen von Chemiefaser- und Baumwollgarnen. Chemiefasern/Textil-Ind. **23/75** (1973) 12, S. 1195–1196, 1198–1202.

Eckardt, C.: Prüfung der optischen Aufhellung von gefärbten oder vorgebleichten Textilien. Invest. Inform. Textil, Tensioactivos, Barcelona **16** (1973) 4, S. 465–485.

Schubert, O.: Mechanisch-technologische Prüfungen an Maschenwaren. Internat. Textil-Bull., Weltausgabe Strickerei/Wirkerei/Konfektion (1973) 4, S. 289–290, 295–296, 301.

Horikx, C. M.: Das Auftreten elektrostatischer Aufladung und ihre Messung an Textilien. Tex/Textilis, Gent (1974) 1, S. 16–20.

Standardisierung. Terminologie

Heidenreich, G.: Standardisierung der Kennzeichnung mit Behandlungssymbolen für textile Konsumgüter. Standardisierung u. Qualität **20** (1974) 2, S. 85–86.

Turbin, P.: Die Normung von textilen Fußbodenbelägen. Textilia, Milano **49** (1973) 12, S. 71–75.

VII. Betriebstechnik. Ökonomie. Tagungsberichte und dgl.. Sonderfragen

Betriebstechnik

Kiefer, R.: Produktionssteuerung mit EDV in einem mehrstufigen Textilbetrieb. Melliand Textilber. internat. **54** (1973) 12, S. 1274–1277.

Abblas/Absaug-Anlagen für die Textilindustrie. Chemiefasern/Textil-Ind. **23/75** (1973) 12, S. 1202–1203.

Brase, G.: Ein Direktüberwachungssystem für Web- und Strickmaschinen. Optimale Betriebsergebnisse durch Direktüberwachung. Textilbetrieb **91** (1973) 12, S. 45–51.

Mercea, F.: Geräuschdämpfung in der Textilindustrie. Ind. textilă, Bucureşti **24** (1973) 12, S. 741–745.

Heindlich, S.: Polyestergewebe ermöglicht neuartige Konstruktion von Wasserwehren. Kunststoff-Berater **19** (1974) 1, S. 31–32.

Ökonomie

Bobeth, W., Banke, K.-H.: Entwicklungstendenzen in der Textilindustrie. Faserforsch. u. Textiltechnik/Z. Polymerenforsch. **25** (1974) 1, S. 3–10.

Steiner, M., Bröckel, G.: Betriebswirtschaftliche und technologische Gesichtspunkte der künftigen Herstellung von textilen Flächengebilden. Internat. Textil-Bull., Weltausgabe Strickerei/Wirkerei/Konfektion (1973) 4, S. 273–274, 283–284.

Bettin, K.: Die weiteren Aufgaben der Textil- und Bekleidungsindustrie bis 1975 und einige perspektivische Aspekte der Entwicklung nach 1975. Textiltechnik **24** (1974) 1, S. 17–23.